經研冀憶

——国网冀北经研院"十三五"发展回顾

国网冀北电力有限公司经济技术研究院　组编

（五年记忆）

中国水利水电出版社
www.waterpub.com.cn
·北京·

图书在版编目（ＣＩＰ）数据

经研冀忆 ：国网冀北经研院"十三五"发展回顾 ：
五年记忆、大事记 / 国网冀北电力有限公司经济技术研
究院组编. -- 北京 ：中国水利水电出版社，2021.6
ISBN 978-7-5170-9723-5

Ⅰ．①经… Ⅱ．①国… Ⅲ．①电力工业－工业企业管
理－河北－2016-2020 Ⅳ．①F426.61

中国版本图书馆CIP数据核字(2021)第131050号

书　　　名	**经研冀忆——国网冀北经研院"十三五"发展回顾** **（五年记忆、大事记）** JING YAN JI YI——GUOWANG JIBEI JINGYANYUAN "SHISANWU" FAZHAN HUIGU(WU NIAN JIYI,DASHI JI)	
作　　　者	国网冀北电力有限公司经济技术研究院　组编	
出 版 发 行	中国水利水电出版社 （北京市海淀区玉渊潭南路 1 号 D 座　　100038） 网址：www.waterpub.com.cn E-mail：sales@waterpub.com.cn 电话：(010)68367658(营销中心)	
经　　　售	北京科水图书销售中心(零售) 电话：(010)88383994、63202643、68545874 全国各地新华书店和相关出版物销售网点	
排　　　版	中国水利水电出版社微机排版中心	
印　　　刷	天津嘉恒印务有限公司	
规　　　格	184mm×260mm　16 开本　25.25印张(总)　478千字(总)	
版　　　次	2021 年 6 月第 1 版　2021 年 6 月第 1 次印刷	
总 定 价	**100.00 元（含2册）**	

本书编委会

主 任

许凌峰　石振江

副主任

刘　娟　袁敬中　周　毅　尹秀贵　王清香　姜　宇　王绵斌

编 委

唐博谦	段小木	张　楠	梁紫怡	陈翔宇	李维维	张　璐
张海岩	肖　林	沈卫东	苏东禹	石少伟	运晨超	周海雯
路　妍	张　洁	霍菲阳	刘　溪	张　妍	张金伟	黄毅臣
贾东雪	赵　苑	董海鹏	田镜伊	赵　敏	赵　微	何成明
何　慧	陈　璐	孙　密	张立斌	付玉红	肖　巍	陈　蕾
郭　昊	李红建	陈太平	聂文海	秦砺寒	张晓曼	高　杨
刘　宣	董少峤	李顺昕	韩　锐	岳　昊	杨金刚	刘　丽
梁大鹏	武冰清	刘志雄	孙海波	张　玉	吕雅姝	成建宏
苏　宇	田光远	程　靓	朱全友	徐康泰	梁冰峰	王光丽
李　莉	岳云力	尹冰冰	丁健民	陈　辰	瞿晓青	杨一诺
耿鹏云	仝冰冰	赵一男	王　硕	王利军	谢景海	刘沁哲
郭　嘉	刘素伊	侯喆瑞	敖翠玲	周　洁	李栋梁	何　森
赵旷怡	杨　林	李　旺	袁　俏	宋　斌		

序

　　文以载道，文以传情，文以植德，在推动企业成长壮大的进程中，文化成为团结奋进、攻坚克难的力量源泉。眼下，"十三五"规划圆满收官，全面建成小康社会胜利在望，全国上下喜迎建党100周年。当此之际，经研院推出"我与冀北一起成长的这五年"征文活动，引发广大职工强烈共鸣，共征集到93篇作品、76条感言。一张张照片，一篇篇文字，定格了过去五年经研院干部职工一起拼搏过的日日夜夜、春夏秋冬，共同见证了公司、电网以及职工自身的成长，感人至深。

　　经研院发展史是中国共产党党史、中国经济社会发展史大海中泛起的一朵浪花，一叶以知秋，一朵浪花也能折射出大海的颜色。一年一小步，五年一大步，"十三五"时期，面对前所未有的考验、面对世所罕见的挑战，经研院经受住了一次次"压力测试"，交出了一份靓丽的成绩单。回顾五年来的发展历程，经研院广大干部职工攻坚克难、不懈奋斗，深入贯彻落实习近平新时代中国特色社会主义思想，贯彻落实中央重大决策部署，全力支撑冀北公司经营决策，在推动电网转型发展和电力体制改革方面作出积极贡献，在技术支撑和服务质量等硬实力方面稳步提升，在科技创新和企业治理等软实力方面卓有成效。五年砥砺奋进，五年共济同舟，既有量的合理增长；质的稳步提升；更有结构的持续优化。经研院在保持高速奔跑的同时，"体格"更强健、含金量更足。

　　光阴流转，四时更替。挥别"十三五"，迎来"十四五"，全面建设社会主义现代化国家新征程即将开启。凡是过往，皆为序章，征途漫漫，唯有奋斗。

PREFACE

在冀北公司党委的坚强领导下，广大冀北经研人将继续保持"咬定青山不放松"的韧劲、"不破楼兰终不还"的拼劲，全力以赴完成各项目标任务，推动经研院高质量发展，绘就新的壮美篇章。

好的感悟需要分享，好的故事需要铭记。在此，我们将"我与冀北一起成长的这五年"征文活动的优秀作品及"十三五"期间记录经研院发展的图文"大事记"集结成册。然而在编辑的过程中，限于篇幅，我们不得不怀着遗珠之憾进行了割舍，优中选优。真诚感谢在本书编辑出版过程中相关部门、中心和个人的大力支持，希望广大干部职工不断加强自身文化修炼，将这份底蕴转化为接续奋斗的动力，并真心期待广大读者的批评指正。

编者

2021 年 3 月

于北京

目录 CONTENT

53 第三集

141 第六集

175 第七集

201 第八集

224 后记

经研冀忆
2016——2021

5周年

第一集

让我们听听他们怎么说

我与冀北一起成长的这五年之经研篇(第一集)

让我们听听经研院员工自己是怎么说的。

　　我们经研院大多是硕士博士，参加工作差不多要 25 岁左右，如果按 60 岁退休计算，也就是 35 年的工作时间，经历六、七个五年计划。

　　"十三五"无论对于冀北公司还是经研院来说，都是关键的五年。这五年，冀北经研人收获了哪般经历，体味了怎样的人生，让我们听听他们自己是怎么说的。

因为热爱，所以选择；因为选择，所以坚持

党委党建部五级职员　李维维

时光如水，岁月如歌，马上迎来崭新的 2021 年，回首我与冀北这五年，有不足、有收获、有成长、有感动。五年对于人生的岁月长河也许很短暂，但是对于职场生涯却可以画上浓墨重彩的一笔。

参加党史学习

2015 年，初入经研院这个大家庭，我来到工会工作，筹建七大文体协会，组织职工喜闻乐见的文体活动，充分调动职工参与的积极性和主动性，为构建和谐劳动关系添砖加瓦；加大对职工创新的扶持力度，鼓励职工创新创效，立足岗位创先争优。

工会的工作虽然繁杂，很多都是小事，但是桩桩件件的小事串联起了每个职工的切身利益。每一年的工作虽有雷同，但每一年的工作都有新点子，都有新想法。每年

的三八节女职工活动新颖有趣，一年插花、一年晕染、一年做口红、一年缝皮具，每年的文体活动也是创意无限，有出游拓展、有趣味运动会、有游泳比赛、有球类比赛等，每次看见同事们张张笑脸，玩得酣畅淋漓，心里由衷的欢喜，这也许就是工作带给我的满足感。

在支部讲党课

因为热爱，所以选择；因为选择，所以坚持。过去的五年，需要总结，未来的五年，值得期许。在冀北工作，我告诫自己，今天要比昨天好，明天要比今天好，走好每一步，干好每一天。

干净、忠诚、担当，做人做事皆可为准

综合管理部　梁紫怡

日子被记录，日子才靠得住。2020年马上接近尾声，恍然间发现这是我人生中值得纪念的时刻最多的五年。

2015年一切都生机勃勃。电力工作者责任重大，有着不一样的职能使命，承载着万家灯火工作的责任担当。新时代电力行业的各项工作，都在转变思想观念、改进工作作风、提升工作水平。作为电力系统工作的人，要有更加清醒的认识和觉悟，使命任务虽发生了变化，但根本宗旨是一致的，都是为人民服务，为人民提供稳定的电力能源。

个人工作照

2016年继续砥砺奋进，只有继续以抓铁有痕、踏石留印的力度和劲道向作风方面的顽瘴痼疾开刀，持续发力加压，严肃执纪问责，才能巩固和拓展作风建设的成果。落实到我个人来说就是更加自觉地坚定党性原则，坚持正确的"三观"，找准人生坐标，始终保持革命的气节，不左攀右比，不争名于朝、争利于市，老老实实做人，踏踏实实做事。在民主生活会和组织生活会上认真自查自纠，勇于批评和自我批评，认真查找个人身上"四风"突出问题，自觉接受监督。个人生活也开启了新篇章，走进婚姻的我一种前所未有的归属感涌上心头。

2017年是精进的一年，在忙碌的工作中体会到了些许的掌控感。工作标准如何体现？就是在大项工作基本落实的情况下，看谁想得更细致，做得更扎实，想法更有新意，效果更明显。越是在形势比较平稳的时候，越要淡看成绩深看问题，警钟长鸣；越是在工作任务繁重的情况下，越要保持定力和清醒头脑，坚持各项规章制度。

2018年初为人母，身份升级，甜蜜又酸楚。新情况、新问题、新挑战层出不穷，遇到的困难和矛盾很多，"逆水行舟，不进则退"，必须要提高工作效率，讲究质量效益，不管干什么具体工作，都要干到最好、干到极致，要坚持精雕细琢、精益求精、精准无误，唯有如此，才能不掉队，才能不会被淘汰。

2019年工作和生活齐头并进，三十而已。

回顾自己走上纪检岗位渐渐接近"七年之痒"，其间的心路历程让我对"不忘初心"有了亲身的体验和感悟。干净、忠诚、担当，做人做事皆可为准，期待下一个五年！

人要有梦想，万一实现了呢？

党委书记、副院长　许凌峰

对于冀北这个最年轻的省公司，过去的五年是打基础的五年。

随着电网信息化建设突飞猛进，十九大和新中国成立七十五周年保电、保障冬奥行动计划的编制和实施、"不忘初心、牢记使命"主题教育等工作的扎实开展，作为参与者，感觉很欣慰，也很自豪。

个人工作照

2016年信通公司通过信通版《南山南》MV，讴歌了冀北公司新大楼和ERP建设的历程。

2017年信通公司通过《旺总的最后保电》微电影，展示了信通人为十九大保电做出的突出贡献。

2017 年 11 月，信通公司《"小冀"巡游》荣获国网第三届"青创赛"金奖。

2019 年是新中国成立 70 周年，信通公司成功举办《"我和我的祖国"冀北公司 32 号院》快闪，实现了自己多年梦想。该作品在社会上广泛传播，点击量达到 30801 次。

2019 年 8 月，信通公司《冬奥全景全息智慧指挥平台》荣获国网第五届"青创赛"金奖。

2019 年 9 月，我来到经研院，带领全院职工积极开展"不忘初心、牢记使命"主题教育，制作了两本学习有声书。举办"红歌会"，组织观影、观展及升国旗仪式，开设"经研大讲堂"，激发党员干部的爱国热情和干事创业的"精气神"，着力营造和谐向上的氛围。

2019 年 9 月 22 日，参加冀北公司第七届文化体育艺术节闭幕式，
与院《游击队之歌》合唱队合影（前排右六）

2019 年 10 月，合唱作品《游击队之歌》获得公司职工文体艺术节"十佳"，实现了经研院职工文艺类奖项零的突破。

我的体会是，凡事要有自己的想法，做事要尽全力，结果固然重要，过程更使我们提高。

一句话，人要有梦想，万一实现了呢！

立足专业，勇当冀北配电网规划排头兵

规划评审中心　赵敏

入职五年，恰逢冀北公司"十三五"配电网规划建设克难攻坚、快速推进的大好时机，为我们青年员工的学习和成长提供了良好的机遇和平台。

国网新员工培训结业典礼颁奖（领奖排左一）

这五年来，我从一个毫无任何实际工作经验的博士生，成长成为一位专业基础扎实、业务技能熟练、能够指导地市配电网规划工作的高级工程师；从零下20多度的张北交直流配电网与柔性变电站示范工程建设现场，到加班加点编写冀北配电网规划总报告、各类专项报告、专题报告的夜晚；从与兄弟省经研院同事合作开展国外配电网专著翻译、行业标准编写，到与地市公司同事、设计院专责讨论规划报告评审、可研报告评审；从"能源转型"国际高端论坛暨国际标准创新基地授牌仪式的组织，到五个地市"煤改电"挨家挨户的调研；从"科技冬奥"国家重点研发计划申报，到国网公司能源互联网与配电网规划专业调考……。五年来，我与冀北公司，与冀北配电网专业共同成长，共同进步。

张北交直流配电网与柔性变电站示范
工程设备进场现场

在"十四五"规划的开局之年，我们要继续充分发挥专业特长和技术优势，坚持以绿色低碳为理念推动可再生能源发展，敢于迎难而上，为实现建设具有中国特色国际领先能源互联网企业的战略目标而努力奋斗！

疫情期间参加"科技冬奥"国家重点研发计划
项目申报集中工作（左二）

过去的五年忙碌而充实，平凡而幸福

副院长、党委委员　刘娟

时光荏苒，岁月如歌。转眼到经研院已经五年了。五年来，经研院不断发展壮大。我和经研院大家庭里的同事们共同成长，忙碌而充实，平凡而幸福。

过去的五年是奋斗的五年。特高压、柔直工程落地冀北，主网架更加坚强；农网改造、煤改电工程持续推进，配电网改造更加惠及民生；冬奥项目顺利实施，首次实现全部场馆 100% 绿电供应……。这些历史性时刻，我和经研院一起亲历，青春和汗水奉献给电网建设，服务于社会民生，温暖了人民群众。

2018 年，在"智研"共产党员服务队成立仪式上的合影（前排右五）

过去的五年是幸福的五年。在经研院大家庭里，结识了一群志同道合、可敬可爱的同事朋友。他们朝气蓬勃，奋发有为，心中有梦，眼里有光。忘不了急难险重任务中他们勇敢坚毅的身影；忘不了疫情防控艰难时刻的团结互助；忘不了每个胜利时刻的张张笑脸……。美好的记忆里有你有我，朋友情义温暖了岁月，滋润了时光，照亮了前行的道路。

2020 年 12 月，参观国博复兴之路（后排右四）

我骄傲，和经研院共同走过的五年。我期待，和同事们即将迈入的更加辉煌的五年。

见证·成长·收获

计划经营部　赵微

青春飞扬，岁月如歌。转眼间，我与冀北公司共同走过"十三五"。过去五年，冀北公司取得了丰硕的成果，我也在这里逐渐成长。

2016年集中部署系统上线，进行数据治理工作

2016年，公司集中部署系统上线运行，为保证SAP系统切换后经研院的各项业务顺利开展，我克服时间紧、历史数据多、切换难度大等困难，通过在经研院内搭建集中办公平台及一对一培训等方式，提升院各部门、中心对新系统的认识和应用水平，提高了工作效率，SAP系统运用取得突破。

2017年，按照国家电网公司和国网冀北电力有限公司关于集体企业"突出核心业务、实施瘦身健体、推动集体企业改单发展工作"的相关要求，我在领导的支持下，编制了《集体企业改革发展工作实施总体方案》，按期完成了集体企业的清算关闭工作。作为第二管理党支部的组织委员，带领支部党员高质量通过历次巡视检查。

2018 年，持续加强综合计划与物资需求计划联动归口管理，完善综合计划与采购计划的协同运作体系。建设院生产经营管理应用场景，实现管理水平和工作效率的双提升。顺利完成 500 千伏及以上输变电工程项目管理权限移交及资金拨付工作交接。

2020 年是特殊的一年，在全国乃至世界范围的疫情影响下，为保证各部门、中心工作顺利开展，独立完成了招标采购技术规范书审查等工作。推动废旧物资处置及现代智慧供应链场景落地，积极牵头公司十大课题之"构建供应链金融新生态研究项目"，优化生产经营管理平台建设。

2020 年，参与冀北公司十大课题研究工作

有一种感情，是互勉互励共进退；有一种动力，是唇齿相依齐奋进。公司及经研院的发展需要大家团结起来共同奋斗，企业的壮大离不开你我的共同努力。在集体的工作和生活中，我不断提升自己，将企业文化贯穿工作的始终，我有信心用我们的双手，创造更好的明天。

与冀共长

安全监察质量部　路妍

懵懂离家十余载，九年求学在华电。

象牙结缘识冀北，踏入职场已五年。

经研待我似家暖，谆谆关怀不经间。

立足岗位尽绵力，牢记初心意志坚。

工程技经概预算，科技项目深入研。

多能互补冲在前，冬奥临电做贡献。

物资保障全力赴，安全质量铭心间。

拳拳之心献冀北，经研明天更绚烂。

2016 年华北电力大学技术经济
及管理博士毕业照

2019 年"我和祖国共奋斗"
主题歌会演唱照（前排右二）

2020 年《民法典》宣传视频
拍摄花絮

我是宏大背景下努力奔跑、 勇攀高峰的追梦人

规划评审中心　何成明

　　我是一名电网规划人员，入职五年来一直效力于规划设计安全可靠、绿色低碳的冀北电网。五年来伴随着张北特高压、张北柔直示范工程等一系列重点工程落地投产，我从一名新员工成长为电网规划设计、安全稳定分析及新能源并网消纳管理经验丰富的冀北电网人。

2015 年，拍摄于秦皇岛供电公司学习期间

　　2015 年，适逢我国成功申办 2022 年冬奥会，我和团队承担着冬奥会张家口赛区电网规划的重担。我们实地勘查赛区建设环境，结合国内外重大赛事供电方案调研成

果，先后提出分区独立供电、加强分区内部电网结构、加强分区联络三大类主网架规划思路，形成 8 个供电规划方案。经多方论证，最终方案在保障冬奥会赛时需求的前提下，兼顾后奥运时代地区发展规划，展现了冀北电网规划的系统性与超前意识。截至目前，规划的电力工程均已建成投产，赛区电网建设与保障工作呈现全面发力、蹄疾步稳、纵深推进的局面，以切实行动兑现公司对党和人民的庄严承诺。而我是这一幕宏大背景下，努力奔跑、争创一流、勇攀高峰的追梦人。

2020 年，研究张家口电网"十四五"规划方案

后续工作中，我还会以高度的责任感和使命感，出色地完成冀北电网的规划设计工作。将理论知识、先进经验与上级要求、具体实际有机结合，在实践中做到举一反三和完善提高，在继承与创新中体现个人的独立担当和创造性，为构建安全可靠、绿色低碳的冀北电网贡献力量。

工作中成长，成长中历练

计划经营部　何慧

五年前，我是个入院不到两年的新人，还在自己工作的领域摸索。五年后，我已在自己的专业领域逐步游刃有余，并不断向新的工作挑战。总结这五年，感慨万千也收获满满。

2016 年，我参与到公司 ERP 数据治理工作，积极与相关运维人员沟通，逐步理顺系统中 500 千伏工程经费支付情况，确保各笔工程款项按时足额拨付。

ERP 数据治理时期 500 千伏工程项目资金付款

2017 年，我的工作重点放在信息管理上，开展信息运维标准化工作，形成省级经研院信息运维管理模式的典型卓越绩效案例，组织施工单位利用夜间时段完成机房、弱电间、电视电话会议设备间的改造工作，满足 D 类机房建设标准。

2018 年，我参与环保管理工作，在国家"简政放权"背景下，承担公司 500 千伏工程的环保、水保验收文件的技术审评工作，协助组织召开竣工环保、水保验收会。

2019 年，我进一步参与到公司环保管理工作，作为主创人员承担科技部"电网企业环境污染物处置管理探索与实践"管理创新报告的编写工作，并获得冀北公司及河北省管理创新成果二等奖。

2020 年，我参与到国家重点研发计划"科技冬奥"重点专项项目申报工作，并成功立项，未来还将配合开展后续技术支撑工作。

中国 21 世纪议程管理中心文件

国科议程办字〔2020〕17 号

关于国家重点研发计划"科技冬奥"重点专项
2020 年度指南项目立项的通知

各项目牵头承担单位：

国家重点研发计划"科技冬奥"重点专项 2020 年度指南项目立项工作已经完成，具体立项情况详见附件。

请根据《关于改进加强中央财政科研项目和资金管理的若干意见》（国发〔2014〕11 号）、《关于深化中央财政科技计划（专项、基金等）管理改革的方案》（国发〔2014〕64 号）、《关于进一步完善中央财政科研项目资金管理等政策的若干意见》（中办发〔2016〕50 号）、《国家重点研发计划管理暂行办法》（国科发资〔2017〕152 号）、《国家重点研发计划资金管理办法》（财科

— 1 —

2020 年国家重点研发计划"科技冬奥"
重点专项立项批复下达

"十三五"这五年，我逐渐摆脱学生身份转变到社会人角色，找到了工作与生活的平衡点。下一个五年，我将继续发挥自己的专业工作经验，在做好自己本职工作的同时，不断挑战并历练自己，为冀北公司及经研院的发展做出自己的贡献。

我与冀北的五年

副院长、党委委员　袁敬中

　　时光荏苒，岁月如梭。五年来，电网的发展进入了新时代，从超高压进入特高压，用电负荷不断攀升，冀北公司也披荆斩棘、奋勇前进，企业规模不断壮大，综合实力不断提升……这一项项亮眼的成绩，凝聚着冀北电网人的心血、汗水，展现了冀北电网人的担当和奋斗精神。

　　前两年时间，我从事公司电网基建设计与技经管理工作。这两年，有幸参加了冀北特高压电网建设工作。深度参与特高压工程组织机构组建、工程项目设计、工程建设、工程结算等工作，圆满完成了冀北"两交两直"特高压电网建设任务；参与了世界首创12项技术的张北柔性直流电网试验示范工程设计管理工作，完成了一百多项冀北主网建设工作，有力保障了冀北地区社会经济发展需要。经过这些项目建设管理的淬炼，学习了不少新知识，掌握了不少新技能，提升了能力，壮大了电网。

摄于冀北公司建设部

后三年时间，到经研院工作。三年来与同志们共发展，承担了一系列重点任务，全力支撑了公司业务。先后完成了北戴河供电保障中心、冬奥正式赛和测试赛临电、多能互补、北斗等项目设计工作，首次独立承担了张家口十八家 220 千伏、廊坊花科 110 千伏输变电工程设计任务。通过承担这些重点项目，锻炼了队伍，培养了人才，有力保证了冀北电网发展。

2020 年 11 月 12 日，设计中心党支部参观
抗美援朝 70 周年纪念展（后排右六）

五年的时光，弹指一挥间。五年来我们增强信心、坚定信心，准确识变、主动求变；五年来我们栉风沐雨、砥砺奋进，咬定目标、铆足干劲，圆满地完成了"十三五"目标，实现了发展"梦"！

坚定选择的方向，始终相信爱与善良

财务资产部　张洁

这五年，有感动，有辛酸，有喜悦，有成长。

用五年的时间，与五个自己相遇。一个明媚，一个忧伤，一个倔强，一个柔软，最后一个正在成长。

五年之间，挥一挥衣袖，带走的是幼稚，留下的是成熟。

2016 年的我，摄于那时画室

五年，每个人都有属于自己的故事，一样疯狂而青涩，一样自傲而失落，一样豪迈而惶恐，一样甜蜜而酸楚。五年在这里完结，生活在明天继续。万物有苗，不怕不长。一晃已五年，快到下半场。回头再看看，不慌也不忙。

2020 年的我，摄于春风书院

　　梦，在远方；路，在脚下。眼里有星辰，心中有暖阳，坚定选择的方向，始终相信爱与善良。

知者不惑，仁者不忧，勇者不惧

综合管理部　张璐

2013 年 7 月，我结束了全日制学历教育，来到国网冀北经研院工作，开始了我的职业生涯，到现在已经七年多了。2015 年到 2020 年这几年，我的职业生涯和个人生活都发生了巨大的变化。

2015 年到 2016 年中，我在规划评审中心，从事电网项目评审工作。

2016 年 9 月，我被冀北公司发展部借用，从事统计分析工作。在本部的工作经历扩展了我的视野，让我得到了很多锻炼。这期间我怀上了宝宝。

2017 年 5 月，我的孩子出生了，有了母亲这个新的身份。休完产假，我又回到了经研院。

2018 年 5 月，我来到综合管理部，开始从事党建工作。我没有这方面的工作经验，而我面临的情况是党建工作任务重、人员少。好在我迅速调整了自己的状态，适应了工作压力。由衷感谢我的家人不辞辛劳照顾孩子，极大缓解了我的后顾之忧，让我能够按时保质保量完成烦琐的工作。

2019 年，当时的党建部门负责人去上级单位锻炼，这对我来说无疑是更大的挑战，现在看来，也是一次难得的提升机会。在综合管理部其他同事的配合协助下，我们共同完成了庆祝建国七十周年纪念活动、"不忘初心、牢记使命"主题教育，圆满完成了工作任务。这一

2016 年 3 月 18 日，参观北京东变电站

年，我还通过了注册咨询工程师考试，取得了执业资格证书。

2020年，新冠疫情突如其来，我上半年的多数时间都是在家度过的。这段居家办公的经历让我深切体会到国网公司作为央企的责任与担当，印象最深刻的就是有一次党支部召开线上会议，组织学习《为江城高擎明灯的人》先进事迹材料，被湖北公司广大员工的奉献精神深深感动，在他们精神的激励下，我也将不忘初心、继续前进。

2020年7月3日，在院纪念建党99周年
暨2020年党建工作会上作专题汇报

回顾这几年，我在平凡的经历中完成了蜕变，收获满满。今后的日子仍然充满了未知，希望自己能够从容乐观。借用《论语》中的一句话，你我共勉：知者不惑，仁者不忧，勇者不惧。

来自元月 3 日发布的《第一集》作者的感言

张　璐：忆往昔，峥嵘岁月稠。盼来日，更上一层楼。

李维维：通过参加"我与冀北一起成长的这五年"活动，给了我静下心思考自己过往经历的机会，发现不长不短的这五年，自己和身边的同事们都成长了很多，朝夕相处的感情深厚又感动。

许凌峰：我来院 16 个月，3/4 时间戴口罩，这次活动解决了我认人的问题，也让我对这些学霸们有了更全面的了解，比如常与我探讨问题的丁健民竟然是马拉松健将，评审现场独当一面的张妍竟然是沙画高手，最想不到有那么多女博士，各个多才多艺，一个比一个漂亮，学校的大好时光，大部分用在写论文上真是罪过啊！罪过！

赵　敏：我找工作的时候在百度地图上以家为圆心画了一个半径五公里的圈，冀北经研院就在这个圈里，而且面试特别顺利，当晚就通知录取了，选择了与我对口的配网工作。一转眼，已经工作了五年多，在冀北经研院的日子里，得到了同事们很多的指点、帮助和照顾，感觉同事之间像家人一样温暖。觉得找工作时候的那个圈充满了魔力和幸运。

刘　娟：回望过去的五年，和经研大家庭的兄弟姐妹们一起，不忘初心，砥砺前行。一张张照片。一段段文字，记录着我们一个接一个的脚印，收获的一个又一个硕果。满满都是回忆，满满都是感动。再见，辉煌的"十三五"。你好，已经开启的"十四五"新篇章！

赵　微：感谢院里提供这样一个机会，使我静下心来，思考自己这五年来做了什么，感受到自己在历练中成长，也体会到自己仍有很多不足。过去、现在、将来，我将一如既往，尽心尽责对待每一个工作任务，祝愿冀北公司明天更辉煌！

路　妍：真的是超有意义的活动！反复阅读每位领导和同事们在过去五年间的成长与感悟，心里满满的感动与温暖，感觉和他们更加相熟、相知，感谢院里给搭建了这么一个平台，我们是相亲相爱的一家人！

何成明：感谢经研院这个温暖、和谐的大家庭，未来"十五五""十六五"……我将紧跟经研院前进的步伐，与经研院共同成长。

何　慧：感谢院里提供了这样一个平台，让大家能够去回顾自己这五年的工作历程，五年来有欢笑有汗水也有泪水，非常荣幸能够与经研院共成长，未来还请继续"多多关照"。

袁敬中：近来，读了大家的"我与冀北一起成长"的佳作，让我不由得想起了许许多多与大家一起风雨同舟、披荆斩棘的岁月。五年来，经研人奋楫笃行、不负韶华，取得了一项项亮眼的成绩，展现了经研人的担当和奋斗精神。五年的淬炼，经研人成长、成熟、强壮；五年使经研人更加"灿烂夺目""熠熠生辉"；五年使经研人更加"富有"。五年的时光是难忘的五年，也是值得铭记的五年。

张　洁：走过的时光就像一本书，每一步都写着感悟。有时我们常常只顾着匆匆赶路，未曾真正坐下来细细阅读。感谢这次活动，这个平台，将所有的往事都呼之欲出，让每一个"赶路人"，都能诚心去写，真心去读。

经研冀忆
2016——2021

5周年

第二集

这一期让您认识更多
经研院的美女和帅哥

我与冀北一起成长的这五年之经研篇(第二集)

新年上班的第一天，又有好多同事交上了自己的作品。

他们跟我说，动笔前感觉没什么可写的，但边写边回顾，才发现自己五年来居然干了那么多事情，拥有那么多回忆，把自己都惊到了！冀北公司组织的这次活动既有意义又情怀满满。

财务资产部的同事陈璐，入职不到半年，按"这五年"的题目要求，其实是不满足创作条件的。但她没有条件，创造条件也要写，巧妙地把题目改成了《我与冀北一起成长的这"五月"》。

下面就是我们"这五年"系列的第二期，带领大家认识更多经研院的美女和帅哥。

韶华颂

设计中心　傅守强

韶华几个五年，弹指一挥间；

良师伴益友，相聚在经研。

寄情五市，留下多姿的回忆；

驰援冬奥，助力明日的传奇；

攻坚克难，探究柔性的奥秘；

奋发图强，锻造品牌的魅力！

曾记否，一次次调试程序，一遍遍仿真计算朝乾夕惕？

曾记否，柔性变电站方案，肯定到否定，再到否定之否定的轨迹？

五年时光，点滴成长，感恩同事相携，领导鼓励；

闪亮的日子，似陈年老酒，蓦然开封，愈加香气四溢！

逐梦路上相随，风雨无阻拦；

一保两服务，冀北挺在前。

风光无限，带来低碳发展的生机；

能源互联，寻找天涯比邻的知己；

数字转型，发掘物联时代的商机；

改革攻坚，激发锐意进取的伟力！

勿相忘，最初的誓言，坚守住，革新的锐气；

愿今日短暂的回首，转化成明日一往无前的动力！

享受岁月的真意，迎接时代的洗礼，

带上诚挚的祝福，与冀北一起开创广阔的天地！

2015 年 7 月，赴舟山五端柔直站调研

2020 年 12 月，赴张南 500 千伏站研究扩建改造

创新工作思路，不断提高技经管理水平

副总经济师兼财务资产部主任　王绵斌

　　2015—2020 年，是我与技经中心、技经专业共同成长的五年，也是技经专业转型升级的五年。技经中心的业务由技经评审、特高压结算、工程结算监督、定额站管理及质量监督，逐步向技经评审、工程结算监督、定额站管理及课题研究转变，专业更精通、业务更强大、创新点更高。

　　工程结算监督工作不断深化，由五年前每年监督 20 项到现如今监督 100 多项，同时还编写了一批标准化成果——《基于标准化理念的结算审核管理手册》《输变电工程结算审核常见问题及防范措施汇编手册》等，积极应用到日常结算监督中，大大提升工作效率和工作规范。

2018 年 7 月 18 日，尹秀贵副院长带领同志们探讨技经转型升级方向

　　工程技经评审范围不断扩大，由最初服务基建工程扩展到全口径支撑业务，评审专业水平不断提升，提炼出《110kV 初步设计概算评审手册》《关联关系分析暨概预算

评审辅助工具》及《电网工程概预算编制问题清单手册》等一批成果，有效提高技经专业在国网经研体系的直接影响力，更是广受各大设计院好评。

定额管理工作取得新高度。完成《输变电工程基本预备费使用效率分析及其费率测定研究工作成果》等国网定额站项目6项，《模块化智能变电站建筑工程定额研究》等5项定额站课题成果应用于电力建设预算定额（2018版）中，在国网定额体系中名列前茅。

科技创新取得新突破。五年来，技经创新工作从无到有，从弱到强，已具备了定额测算、造价分析、实物资产等专项报告的编写能力，具有电网投资分析、技术经济评价、电价研究等科研能力和决策咨询能力，成功组建了"电网投资与经营决策分析实验室"，满足冀北公司对电力体制改革、公司经营决策、技经政策标准、工程造价管控等方面的研究需求和理论创新。获得中国电力建设科学技术进步

2019年9月19日，和陈太平老兄
一起同国旗合影（右一）

2019年12月12日，担任
"经研大讲堂"分享嘉宾

奖、冀北公司科技进步奖等各种奖项48项。技经工作现已步入标准化、专业化和规范化的新阶段，也越来越受到国网公司的高度重视，技经工作正在逐步突破日常工作的束缚，朝着更加专业化和高端化的方向发展。

2020年12月，我来到了财务资产部，与其他"表哥""表姐"们并肩作战，面对改革发展面临的新环境、经营格局带来的新变革、精益管理带来的新挑战，相信"十四五"将会开启属于我们财务人的精彩时代。

扬帆起航 开启新征程

财务资产部 陈璐

2020 年 6 月，我从华北电力大学毕业，正式结束了学生时代。

2017 年 10 月，于北京展览馆参观"砥砺奋进的五年"
大型成就展（右二）

2020 年 8 月 6 日，我来到了冀北经研院。

2020 年 8 月，初来经研院，人资部门的同事带领我熟悉了经研院的组织架构、企业文化以及规章制度，让我近距离了解了经研院各部门、中心。

2020 年 9 月，我来到了财务资产部。初来部门，带领我的师傅首先让我学习了《国家电网公司资金管理办法》，让我强化资金风险意识，在以后的工作中一定要认真仔细，做一名合格的财务人员。

2020 年 10 月，经研院组织干部职工观看了影片《夺冠》。顽强拼搏、永不言败的女排精神深深鼓舞了我，我要在平凡的岗位中做出自己的贡献。

2020 年 11 月，经研院组织开展了 2020 年入职新员工的集中培训。通过此次培训，我提升了岗位适应能力，更好地融入到了工作中。

2020 年 12 月，我迎来了入职的第一个"资产负债表日"。看着部门同事加班加点的工作，处理会计账务，我深感作为一名财务人员一定要准确记账，做到一分一厘准确无误，为经研院交出一份完美的报表。

2020 年 9 月 18 日，于院职工健康讲座上的
小组活动合影（左四）

五个月的时间眨眼而过，但是在经研院的生活才刚刚开始。我希望自己在以后的工作中，能保持初心，将自己的热情投入到财务工作中去！

刀在石上磨，人在事上炼

党委委员、纪委书记、工会主席　周毅

回首 2016 年至 2020 年在冀北公司的工作经历，我有很多感受和体悟。五年里我的工作岗位就有三次变化，从张家口供电公司经研所、发展部，到县公司，再到冀北经研院。可以说张家口供电公司发展和电网建设的大部分重要事项，我都亲自参与和经历过。不同的岗位让我得以从不同的角度、以不同的角色，观察、体会、思考这关键五年中的人和事。

2020 年 10 月 20 日，赴现场慰问"十八家"设计项目团队（右一）

五年中，冬奥会、京津冀协同发展、新能源示范、扶贫攻坚、清洁取暖、大数据产业等等，一系列国家重大战略、政策落地和地方经济发展的需求，给张家口这座城市提供了千载难逢、再次辉煌的机遇。作为身处其中的冀北供电人，我感到心潮澎湃，干事业恰逢其时，同时深知要实现机遇，电力支撑的极度重要性和公司将为此承担的压力,付出的代价都会无比巨大。就像张家口供电公司领导说的:"现在全国网范围内,张家口供电公司工作内容是最全的,每项任务都必须务期必成,没有退路,只有下定决心,拼命干,只要累不死,就往死里累。"现在回想这五年中的酸甜苦辣,一幕幕情景还历历在目。趴在电脑桌前劳累疲倦的身影;连续奋战几昼夜后的红眼睛、黑眼圈;老师傅们一起翻山越岭、爬冰卧雪勘测选址的身姿,让人感动、心酸、心疼。磨破嘴皮、费尽心思做通老乡工作时的喜悦;百折不挠、锲而不舍争取到政府支持后的兴奋;工地上争分夺秒、热火朝天的景象让人激动、欣慰、心安。上级的支持、领导的肯定、部门单位间配合的默契,让人舒畅、鼓舞又满怀期望。

2020 年 11 月 19 日,在院中心组(扩大)学习上领学

刀在石上磨,人在事上炼。公司的发展离不开员工的成长、成熟。这五年突显了一大批优秀员工,他们在干事上历练、在压力下成长、在逆境中磨砺,快速凝结成一支勇于担当、不怕吃苦、敢打能打胜仗的成熟队伍。其中的佼佼者包括我本人在内,都得到了公司的重用,走上了更关键重要的岗位。相信他们会像我一样对公司心怀感恩,将自己的成长与公司的事业融为一体。如今各项任务进展顺利,胜利已经初露曙光,张家口可爱、可敬的同事们,还奋战在第一线,愿我们一起再接再厉,不畏艰险为冀北电力再创辉煌。

阳光灿烂的日子

设计中心　孙密

　　青涩的日子——2014 年，我从上海研究生毕业，从未在北方长期生活的我，来到了北京，冀北经研院成了我在遥远北国的第一个家。

　　热火朝天的日子——2016 年，我从设计中心土建室转岗到了线路室，开启了我的新旅程，2016 年冬天，线路室主管谢景海带领我们几个青年员工参观扎青线特高压施工现场，北方的冬天寒风凛冽，可是我们在现场却讨论得热火朝天。

2016 年，线路室主管谢景海带领我们参观扎青线特高压现场（左四）

幸福的日子——2017 年，家里迎来了新成员，但让我没想到的是，在办公室同志们的努力下，宝贝成功抢占"史上最小国网粉丝"称号，登上了国家电网报微信公众号。

2017 年，家里迎来了新成员

崭新的日子——2019 年，我竞聘上了线路室副主管，冀北经研院为我翻开了崭新的一页。

2019 年，参加线路室副主管竞聘笔试

具有挑战的日子——2020 年，设计中心承担了张家口十八家 220 千伏输变电工程施工图设计，这是我们线路室这几名青年员工第一次真正承担 220 千伏的施工图设计工作，工程难度大、工期紧，为高质量完成设计工作，我们一起远赴 300 公里外的河北院向专家请教学习。

这就是我与冀北经研院的每一个阳光灿烂的日子。

动觉日月短，静知时岁长

设计中心四级职员　张立斌

动觉日月短，静知时岁长。

猛然间惊觉竟跨入 2021 年了，站在岁月的渡口，回望已经逝去的五载，满怀对前路的期盼和对来路的不舍。

过去的五年，是冀北公司夯实基础、昂首阔步的五年，也是经研人不遗余力、建功立业的五年。

2016 年，是开创先河的一年。以 2015 年京研公司注册成立为契机，实现了设计中心和京研公司的一体化运营，结束了冀北公司没有省级设计单位历史。同年 3 月，京研公司取得乙级咨询资质，首次开展接入系统和 220 千伏电压等级输变电工程可行性研究，全年中标七项 220 千伏电压等级输变电工程可行性研究、接受四项接入系统委托。同年 8 月，首次参加冀北公司设计竞赛即取得第一名的好成绩。

2017 年，是夯实基础的一年。在不断研学设计资质文件、分析成败案例、一一弥补健全京研公司软硬件配置的努力下，历时两年，终在 9 月，取得了送电、变电专业设计乙级资质，实现"双乙"目标，具备开展 220 千伏及以下电压等级输变电工程设计资格，为经研院设计技术储备和提升提供了新的更高平台。同年，独立完成了京研公司第一个可研设计——冀北张家口红旗营 220 千伏输变电工程可研。

2018 年，是不断提升的一年。业务规模不断扩大，完成接入系统十项，合同额近三百万；支撑冀北公司完成两项重点工作——张北交直流配

2015 年摄于北京第二热电厂

电网及柔性变电站示范及配套工程、北戴河供电保障指挥中心设计，受到冀北公司科技部和运检部的好评；新增土建技术监督工作，助力工程建设无缺陷移交，提升本质安全水平。

2019年，是加速发展的一年。独立开展冀北廊坊花科110千伏输变电工程初设、施工设计，实现设计中心（京研公司）设计能力跨越式提升。《柔性变电站关键技术、成套装置及工程应用》获得2019年冀北科技进步奖特等奖，经研院首获此殊荣，科技荣誉创新高。

2020年，是蓬勃发展的一年，也是极为坎坷的一年；但突如其来的新冠疫情并未阻止我们坚定的步伐，《柔性变电站关键技术、成套装置及工程应用》再获2020年国网科技进步奖一等奖，取得历史性突破。接入系统业务累计14项，合同金额五百余万元，业务量创新高。中标张家口十八家220千伏输变电工程，通过初设评审，如期绘制提交"四通一平"等十一个卷册图纸，保障工程如期开工，实现工程设计220千伏电压等级零的突破。

2020年9月9日，冬奥测试赛云顶滑雪公园现场交底

过去的五载，冀北公司、经研院像一条奔流不息的江河，正因为有了我们这些涓涓细流的汇集，才更加波澜壮阔，而我们正因为有了冀北公司、经研院这个平台才能意气风发、渐行渐远。下一个五年，以及下下个五年，我们愿继续做百折不挠、永攀新高的冀北人、经研人，时时刻刻都同冀北公司、经研院共同成长。

百年那得更百年，今日还须爱今日！

诚信、可靠、严谨高效，做合格的设计人

设计中心　付玉红

光阴荏苒，日月如梭，转眼间我已经从事变电一次设计七年半了。我于 2018 年 7 月 31 日调入经研院，到现在也已经有两年多的时间了。

个人旅拍照

还记得"诚信、可靠、严谨、高效"四组大字一直竖立在原来经研所的一层大厅，这四组词简明扼要、提要钩玄地表达了对设计人员的基本要求。对此我一直铭记于心，将此践行在每一个设计工程中。

与地市经研所不同的是，冀北经研院除了工程设计工作，还有课题研究，对冀北建设部等部门的支撑工作。在同事和领导的帮助下，我由最开始的不适应到逐渐融入，感谢每一位领导和同事的支持与鼓励。

这两年中我作为主设参与了冀北廊坊花科110千伏变电站新建工程初步设计、施工图设计，冀北张家口十八家220千伏变电站新建工程初步设计、施工图设计。作为设总参与了河北建投光伏发电项目、2019年国网设计竞赛－湖南株洲白关220千伏智慧能源站等工程，并取得了2019年国网设计竞赛三等奖；还参与了智能设计、三维设计等课题研究；参与了冀北模块化方案修编等支撑工作。

2020年，作为主设参与张家口十八家
220千伏新建变电站施工设计

这两年多工作忙碌而充实，自身设计能力得到了锻炼与提升，沟通协调能力也有了很大提高，得到了领导的肯定与支持，从变电一次设计中级工程师成长为高级工程师、变电室副主管。

在今后的日子里，我定当秉着诚信、可靠、严谨、高效、认真负责的态度对待每一份设计工作，画好每一张图，完成好每一项任务，为坚强智能电网而努力。时间用在哪，未来看得见，期待下一个五年。

立足本职、提升能力、强力支撑

设计中心五级职员　肖巍

2015 年 7 月入党，自己以勇挑重担，敢于拼搏的党员精神要求自己，2016 年至 2020 年间，在不同的岗位和角色中学习、工作和紧跟，与冀北公司一同成长。

2016 年有幸带领设计中心各专业骨干，克服线路路径长、地形复杂、协调难度大、天气炎热等诸多不利因素影响，历时 2 个月，首次由设计中心独立完成了张 - 呼电铁 220 千伏输变电工程可行性研究。

2016 年 9 月，张呼电铁输变电工程可研设计技术讨论（左一）

2017 年支撑冀北公司设备部完成了国网公司配电网标准化建设的部分工作，支撑工作得到认可，同年获得了配电网标准化建设先进个人称号。

2018 年主持完成冬奥配套 220 千伏工程之一的冀北张家口古杨树 220 千伏输变电工程可研设计，该工程设计过程中遇到了冬奥赛道变化、冬奥转播方整体景观要求调整、接入方式改变等诸多问题，经过多轮与政府、冬奥办、冬奥规划设计单位协商，最终达成一致方案，并正式通过了评审。

2019 年至 2020 年，深度支撑国网及冀北公司物资审查、评标及智慧供应链等物资相关工作，参与国家电网公司 6 项物资类企标编制，同时获得国家电网公司优秀评标专家称号。

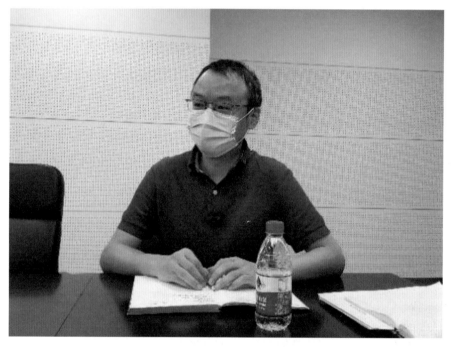

2020 年 9 月，聘任五级职员谈话

新的一年，新的气象，在"十四五"的开局之年，本人应立足本职，继续支撑，争取在平凡的岗位取得不平凡的成绩，与冀北共奋进！

扎根设计一线的这五年

设计中心　陈蕾

这五年，从象牙塔步入社会，走进冀北经研院的大家庭，有喜悦，有泪水，有艰辛，有感动，但最多的是成长。

2016 年，借调国网基建部学习工作，主要负责变电设计相关工作的管理与协调，这些工作的参与扎实地提升了我的文字表达能力及管理协调能力。

2017 年，参与交直流配电网及柔性变电站示范工程，独立绘制了小二台变电站交流部分施工图并承担了项目相关的沟通协调工作，撰写北京市优秀工程咨询成果奖申报材料获得二等奖。

2014 年 9 月 20 日，参加国网技术
学院济南校区培训

2018 年，参与张家口 220 千伏红旗营输变电工程变电一次设计工作，巩固熟练掌握相关设计规范，显著提升设计水平。

2019 年，参与《基于柔性变电站的交直流配电网成套设计》相关章节编写，并荣获 2019 年度冀北公司科技进步奖特等奖。这一年我也第一次做了设总，作为河北鑫达 220 千伏变电站新建工程的设总，我不仅需要完成项目相关的沟通协调工作，还作为变电一次的主设人独立完成了所有的设计工作。

2020 年，由我组织修编的《35kV ～ 750kV 变电站站用电设计规范》顺利通过评审完成报批，这也是经研院首个牵头编制的国网企标。这一年我还参与了秦皇岛 110 千伏庙沟变电站智慧化改造项目，该项目是冀北公司智慧型"一站一线一网"的试点项目，几乎所有一次设备都是首次在冀北地区落地应用，作为项目的设总及一次主设，带领团队成员克服了"疫情"的影响，按时保质保量地完成了该项目的技术方案编制及可研编制，并通过评审，初步设计也已编制完成等待评审。

2020 年 10 月 20 日，冀北秦皇岛 110 千伏
庙沟站智能化改造项目初设图纸绘制

下一个五年我将继续做一名不忘初心、耐得平淡、知行合一、扎根设计一线的经研人。

任重道远扬鞭奋蹄，时不我待只争朝夕

设计中心副主任　郭昊

2015 年至 2020 年是我在经研院加速成长的五年，每每回首五年来的点点滴滴，心中感慨万千。

2015 年至 2016 年，我在经研院建设管理中心工作，担任锡盟－山东 1000 千伏特高压线路工程冀北段第二业主项目部经理，工程于 2014 年 9 月开工，2016 年 5 月贯通，开创了冀北特高压工程建设的先河。在工程建设过程中，我们增长了经验，磨砺了性格，以"开弓没有回头箭"的决心锐意进取，以"明知山有虎，偏向虎山行"的气魄克难攻坚，铸造了一支既有吃苦耐劳精神，又有丰富经验的建设管理团队。在工程建设过程中，我们代表国网公司取得了全世界首次利用直升机吊装组立特高压钢管塔的技术跨越，填补

个人工作照

了此项技术在特高压工程实践的空白。能够通过重点工程的建设为经研院增光添彩，塑造品牌形象，是我们建设管理人的骄傲和自豪。在组织的培养下，我个人也取得了 2015 年度感动冀北十大人物的殊荣。

2016 年 9 月，我调到经研院办公室工作，从事经济法律、管理创新、同业对标、调查研究、品牌宣传、车辆管理等工作，新的岗位重要而繁忙，忙碌而充实，它让我学习了很多专业知识，打开了我的眼界，增强了我的认识，转变了我的思想。在办公室工作期间，我和同事们一起，同心协力，圆满地完成了各项工作任务，同业对标指标排名更是取得了专业机构第八名的历史最好成绩。

2018年6月，我到经研院新成立的安全监察质量部，从事安全质量督查、风险管控、院安委会办公室相关工作。部门成立以来，我们防微杜渐，管控风险，确保了本质安全。尤其是近一年来，我们着眼加强疫情防控常态下安全生产和专项整治三年行动排查整治工作，树牢安全发展理念，压紧压实安全生产责任，不断加强安全生产管理，不断加大基建现场安全管控力度，不断发挥视频远程督查作用，不断加强安监队伍建设，不断提高安监专业创新能力，确保了安全生产万无一失，确保了冀北公司在建项目安全稳定。

"不忘初心、牢记使命"主题教育期间，我参加了冀北公司2019年业务单位年轻管理骨干培训班，担任临时党支部书记。我带领全体同志用一个月的时间，坚持"读原著、学原文、悟原理"，将集中学习和个人自学相结合，专题学习和交流研讨相结合，理论学习和现场实践相结合，对《习近平关于"不忘初心、牢记使命"论述摘编》进行了扎扎实实，全面具体的学习，获益良多。

生命是没有意义的，除非有工作；所有的工作是辛苦的，除非有知识；所有的知识是空虚的，除非有热望；所有的热望是盲目的，除非有爱。有爱的工作才是生命的具体化，经研院就是我的一生所爱，他让我成长进步，感恩！

来自元月6日发布的《第二集》作者的感言

傅守强： 五年时光的点滴又浮现在眼前。于国家、于国网、于冀北，于经研院这是伟大历史进程中重要却又短暂的时光，于我们，是一段作为亲历者、建设者的难忘的旅程。宏大叙事与微小个体就这样紧密联系在了一起。我们什么样，时代也就什么样。唯有奋斗，不负韶华！

王绵斌： 感谢这个平台让我回想起来到技经中心时的初心，当时我就想，未来五年一定要把技经队伍带好，没想到五年后真要离开技经中心了，感觉还有很多事情没做好，没做完，感恩技经中心兄弟姐妹们的支持和帮助，熟悉的眼神，默契的配合，精诚的合作，这就是我的技经情怀。

陈　璐： 作为初入经研院5个月的新员工，看到大家写的短文，感受到了经研院这个大家庭的温暖。作为一名职场小白，来到财务资产部，感受到了哥哥姐姐们对我的关爱，看到他们写的短文之后，觉得未来长路漫漫，要与他们一起同行，一起进步！

周　毅： 刀在石上磨，人在事儿上炼，有机会看到经研院这么多年轻同志五年的收获，成长和历练，更让我体会到了"宝剑锋从磨砺出，梅花香自苦寒来"。我们眼里有光，心里有爱，舒畅，鼓舞满怀期望的期待下一个五年，把自己的成长与公司的事业融为一体，继续再接再厉，不畏艰险的为冀北电力再创辉煌！

孙　密：当与大家一起把过去尘封的日子慢慢翻开的时候，还是忍不住被感动得稀里哗啦，往事一幕幕浮现，愿未来你的笑依然灿烂如昨天。

张立斌：经研院这个大家庭有着强大的凝聚力，新人故友都在这个平台上撒汗水耗心血谱就炫美篇章，履行着"人民电业为人民"的使命，他们像一个个齿轮一样默契的咬合在一起，或带领团队砥砺前行，或不遗余力默默奉献，正是因为这些可爱可敬的人，我们才能同舟共济扬帆起，乘风破浪万里航。我相信有了过去五年坚实的基础，经研院一定会直挂云帆济沧海！

肖　巍：睹"文"思人，五年间的无数感动的瞬间、困难解决的喜悦场景以及同事们展现乐观开朗诙谐幽默的画面一帧一帧的在脑海浮现，有幸能看着、陪同着冀北经研院一同成长。

郭　昊：感谢院里组织的这次活动，它使我更加深刻领悟"三人行，必有我师"的含义，在经研院各个专业、各个岗位上，人人都是模范，人人都是榜样，都有我值得学习的地方。在以后的工作中，我定将不忘初心，牢记使命，砥砺争先，在经研院高质量发展的进程中展现个人新作为。

经研冀忆
2016—2021

5周年

第三集

快来看吧，本集更精彩！

我与冀北一起成长的这五年之经研篇(第三集)

快来看吧，本集更精彩！

有人说你们学历高不等于有文化，您说得对！但两者并不矛盾。且看我们技经中心李红建写的词牌《金缕曲》，你就知道什么叫兼具高学历和文化底蕴了！

"我与冀北这五年"系列已连载数期，收获好评的同时，也不断收到同事们的新稿件。其中既有像陈璐这样刚刚参加工作5个月的新进大学毕业生，也有已经退居二线的领导尹秀贵，他们都是我们学习的榜样！

话不多说，快来看吧，本集更精彩！

后记：

正当我们编辑这集作品的时候，收到一位热心读者的微信，她是我们前经研院职工的家属，她说是不是可以考虑一期"中途退场者"的合集。

好主意！这和我们的想法不谋而合，我们原本计划等作品达到一定数量和水平，能够感动这些老同事的时候，再邀请他们参加。

热烈欢迎各位曾经是经研院的同事们投稿，您不用有顾虑，我们的题目是《我与冀北一起成长的这五年》，不仅仅是与经研院的五年。

"新长征路上的摇滚"

技术经济中心主任　李红建

2015年10月金秋的一天，天高云淡，设计中心接到一个任务：柔性变电站与交直流配电网示范工程可研设计。

那时候，京研公司刚刚在京注册成功，咨询资质也正在迁移中。

组建团队、探讨方案、选址选线、开展专题研究、参加公司技术例会、现场交底工代……一路走来，五年过去了，诸多场景，仍历历在目。

2015年里更早些时候，接国网经研院通知，参加国家重点研发计划《高压大容量柔性直流关键技术研究与示范》的申报。

当时，缺乏科研经验的我们，凭着电力工程设计基础和一腔热血，组织优秀人才队伍，主动作为，成功申报，并承担其中重要研究任务——《高压大容量柔性直流电网换流阀厅及直流场电气设计及紧凑化平面布局研究》。

钻研文献、研究各工况下的绝缘配合、参加专项技术讨论、听取不同设备厂家报告、跟踪示范工程建设……每位参与者都像一块海绵，吸收并消化着。

拍摄于2017年2月，柔直换流站选址期间

一眼眼，看着苍穹笼罩下的张北草原上，一点点地生动起来：厂房架构建成了，换流变就位了，交流场、阀厅、直流场充实了……课题也到了结题时候。

与此同时，设计中心在公司"一保两服务"事业中贡献着设计咨询力量，积极参加电网建设，在其中不断夯实设计能力、提升设计支撑水平；完成接入系统设计能力从"0"到"1"的建设并不断提升；完成新能源发电和大用户接入等接入系统报告数十份；独立完成《鑫达钢铁220kV变电站新建工程》初步设计，运用三维设计工具完成"花科110千伏输变电工程""十八家220千伏输变电工程"设计任务；独立完成国网企业标准《35kV~750kV变电站站用变设计标准》的修订……

在领导关怀和指导下，设计中心（京研公司）不断成长壮大，取得了一点儿成绩，更多的是收获：技术积累、项目管理、人才培养。

亲历冀北公司这五年的跨越式发展，我颇感自豪；跟着设计中心一起成长，我的眼界也大为拓展，思想认识也有一定的提高，但仍有不足需要不断改进完善。

参加院 2020 年职代会

2020 年的端午，是颇值得我记住的节日，感谢院领导的信任，给予我更大的平台。在综合管理部这半年，与疫情战斗，为中心服务。跟公司上级时时对接，得院领导天天教导，我收获了进步，也收获了友谊。

工作需要，2020 年年底前，我来到了技经中心。这里，将会是一个新的起点。我将与技经中心同侪携手，在院领导的指导下，为冀北公司"新跨越发展"奉献新的力量。

2020 年 12 月，技经中心党支部参观
国博复兴之路（后排右二）

正是：

> 几度春花艳。
>
> 正东风、轻飔怠荡，煦暄犹淡。
>
> 塞上牛羊不可见，
>
> 破绿风车转。
>
> 一片片、幽青硅板。
>
> 拔地方城空人迹，
>
> 任浮云舒卷风流散。
>
> 来复去，是银线。
>
>
> 年来风物添新绚。
>
> 望长天、人形雁阵，几无原伴。
>
> 守旧何如从头越，
>
> 拥抱东风西渐。
>
> 算多少、长城好汉。
>
> 再缚苍龙凭侪辈，
>
> 聚同心不作临渊羡。
>
> 且砥砺，掌中剑。

——调寄《金缕曲》（新韵）

日月既往，逐梦星辰

党委党建部副主任　唐博谦

我是 2010 年 8 月参加工作的，如果细细算来，题目应该是"我与冀北一起成长的这十年"。不过，这十年当中，记忆最深刻、也最难忘的还要数"十三五"这五年。今天这次难得的回顾，既是对自己的总结，也是与诸君的携手共勉。

2014 年，职工篮球联赛半决赛（"经通物理"联队 VS 廊坊队）加油助威

那就先从 2016 年说起，那一年我从党群部调到办公室，熟悉的办公环境，工作内容却有些陌生。在领导和同事的帮助下，我一点点摸索，很快就上手了。年中，冀北第二届篮球联赛开幕，我们"经通物理"联队发挥出色，和亚军队廊坊拼到最后一分钟，因伤病惜败给张家口，最后取得了第五名的成绩。

2017 年，由于工作原因，我短暂地到国网监察局"帮忙"，这段时间，遇到了很多良师益友，学习了很多知识和技能，让我受益良多。虽然只是短短几个月，但在领导和同事的帮助和影响下，我养成了一些受用一生的好习惯，一直保持到现在。

2018年，有我非常怀念的时光，办公室的小伙伴们，年龄相仿，又有很多共同的兴趣，非常谈得来。后来由于机构改革和岗位调整，大家有的去了冀北本部，有的去了兄弟单位，有的换了部门，可能以后再也不会有大家一边吃加班餐，一边谈天说地的机会了，但这份情谊将会一直延续，每每回忆起来，心里都充满了阳光和温暖。

2019年，是充实和忙碌的，主题教育期间，大家组织学习、查摆问题，认真整改，逐项落实。庆祝新中国成立70周年期间，大家一起排红歌，录制MV，忙得不亦乐乎。春节前，

2018年3月，我院与国网冀北物资公司联合开展"青春光明行、温暖老人心"活动

2020年，小品《闪亮的名字》

我们排演了小品《闪亮的名字》，致敬院里参加"东西帮扶""冬奥帮扶"的英雄们。演出效果虽受音响故障打了折扣，但还是收到了不错的反馈。特别值得骄傲的是：几千字的台词，我们5位演员，一个字都没错，一个磕巴都没打。

2020年，疫情袭来，抗疫攻坚的几个月让我特别得难忘，因为人手有限，轮岗上班，我和几位同事组成了"全能小分队"。大家每天除了岗位工作，还负责发放防疫用品、分餐等等，真正地把责任和使命扛在了肩上。特别要致敬的，是我们"全能小分队"里的两位女将，她们孩子都还小，工作和家庭都要兼顾，特别不容易。即便那段特殊时间再忙再累，她们从没叫过苦，总是那么积极阳光，工作认真。

2021年已经到来，"十四五"也已启程，载着五年来满满的回忆与收获，希望能和身边的领导、同事们携手并肩，努力建设好冀北，努力创造属于我们的未来。

责任重于泰山，细节决定成败

技经中心四级职员　陈太平

五年来，正赶上冀北区域特高压、500千伏输变电工程建设任务繁重，热电联产火力发电工程和风力发电工程、光伏发电工程等新能源项目发展迅猛之际，经研院技经中心质监办公室肩负起了华北电力建设工程质量监督中心站（以下简称"中心站"）对以上工程在建设过程中的阶段性质量监督检查工作。

2015年6月30日，赴承德上板城进行质量监督检查

作为技经中心质监办公室主任，我在中心站机构设置及人员配置不合理的情况下，强力支撑起中心站的各项质监工作。严格贯彻和执行国家能源局发布的不同工程的质量监督检查大纲有关要求；积极协调组织相关专家及时完成工程各阶段的过程监督检查；及时出具工程各阶段整改意见和建议；为确保工程过程建设质量及工程按期安全投运保驾护航。

五年来，作为技经中心分管工程结算监督方面的副主任，面对冀北五地市公司工程结算资料上报不及时、上报资料不齐全、上报资料不规范及技经人员紧缺、技经人

2015 年 7 月 31 日，赴丰宁开展质量监督检查

员专业水平参差不齐等诸多问题，严格要求院技经中心专业负责人员加强对国家电网公司基建部关于《国家电网有限公司进一步加强输变电工程结算精益化管理的指导意见》《国网基建部关于加快推进工程造价管理"八个转变"工作的通知》等文件的学习和宣贯，及时编制《输变电工程结算审核常见问题及防范措施汇编手册》指导各地市公司技经人员工作，同时加强工程结算监督计划管理，层层分解责任，提高工程结算监督效率和质量，在圆满完成冀北建设部下达的年度结算计划的同时，还确保了国有资产保值、增值，避免了审计风险。

2019 年，技术经济中心党支部合影

在今后的工作中，我更将不负韶华，用心做好每一件事，努力为冀北电力的发展增砖添瓦。

携手电网　共筑辉煌

规划评审中心主任　聂文海

回首五年，我是冀北公司经营发展的受益者，更是冀北电网建设历程的见证者。

协调规划，坚强电网

肩负着"一保两服务"的重要使命，冀北公司以构建坚强智能电网为己任，促进主配网规划、建设、运营全环节高质量发展，一基基铁塔树立在崇山峻岭，一座座变电站矗立在冀北大地，一条条电力银线为老百姓送去源源不断的电能，容载比、供电可靠率等指标逐年优化，为冀北地区经济社会发展作出重要贡献。

2015 年，核对线路工程图纸

清洁采暖，绿水青山

犹记得，"煤改电"配套电网工程建设任务下达后，同志们深夜研究政策，翻阅标准，查阅设备参数，就为使老百姓电采暖设备按时通电，过一个温暖的冬天。经研院与冀北公司各部门协同联动，有效提升了电能在终端能源消费中的占比，京津冀及周边地区环境得到了有效治理。

2017 年，审查电网规划报告

绿色冬奥，电力先行

为了实现冬奥会高可靠性供电，冀北公司优化提升各电压等级供电能力，完善网络结构，形成 500 千伏多通道、220 千伏双环网、110 千伏双环网 + 双辐射电网结构，充分保障安全可靠供电，为冬奥会的顺利召开提供有力保障。

2019 年，带领规划评审中心员工分析企业复工复产（右二）

一条条线路，一基基铁塔，一座座变电站点亮了冀北，更点亮了冀北人的梦想之光，重任在肩，时不我待，一路上，我与同志们结伴同行，迎难而上，在追求梦想的过程中充满了奋斗的活力。

灿烂的成就已经成为过去，电网的未来更加辉煌，今天的我，依旧在行走，与冀北相约下一个五年，紧跟时代发展的步伐，争当冀北排头兵，与冀北电网一起，砥砺前行！

不忘初心，不辱使命

计划经营部主任　秦砺寒

2016年来到经研院计划经营部，转眼五年的时光。这五年，在习近平新时代中国特色社会主义思想和党的十九届四中全会精神指导下，经历了院科技创新工作体系的不断完善，经历了历史性的疫情考验，我的人生观和价值观在不断历练中更加成熟。

2016年，编制完成院《"十三五"科技发展规划》，提出3个目标、8个重点建设方向和21项重点任务，明确了院实验室建设方向。

2017年，完成《国网冀北电力有限公司经济技术研究院创新小组实施方案》和《国网冀北电力有限公司经济技术研究院创新小组课题成果评审评分细则》的制修订，为充分激发院职工创新活力奠定基础。

2018年，基于院创新小组管理形成的管理创新成果《电网研究型企业以创新小组为主体的研究管理体系构建与实施》荣获冀北公司和北京市企业管理现代化创新成果一等奖。

2019年，院自主培育科技成果《面向能源互联网的电力通信网诊断优化关键技术与应用》荣获国网公司科技进步奖三等奖和河北省科技进步奖三等奖，取得省部级奖零的突破。

2020年11月9日，办公室工作照

2020 年，经历了抗击新型冠状病毒疫情最艰难的时刻，在大家居家坚持办公的同时，院健身协会自发组织院健身爱好者每日健身云打卡，积极乐观地应对"疫情"，为更有效率的工作奠定基础。

2020 年 10 月 30 日，国家重点研发计划项目科技冬奥
启动会顺利召开合影留念（第三排左一）

2020 年，院成功完成国家"科技冬奥"重点专项《冬奥赛区 100% 清洁电力高可靠供应关键技术研究及示范》的组织申报和项目立项！至此，院承担科技项目形成国家级项目、国网公司项目、冀北公司项目、院技术创新成本类项目和创新小组项目的完备研究、管理体系。

2020 年 11 月 12 日，参观抗美援朝 70 周年纪念展（左六）

历史的车轮已经驶入 2021 年，抗击新型冠状病毒疫情已经进入全民接种疫苗的新阶段，经研院的发展也进入到"研究型、质量型、服务型"的新阶段。作为经研院成立、发展的亲历者，我坚信在大家的共同努力下，经研院将拥有更加美好的明天！

冀北经研院勇敢飞，经研小伙伴永相随！

技经中心　张晓曼

荏苒五年，弹指挥间，五年来，带着热忱、带着感恩，我与冀北经研院并肩作战，共同成长。

回顾这五年，工作中让我感动的一幕一幕像一幅幅浓墨重彩的油画在我记忆中反复播映，那是一起风尘仆仆赶赴工程现场检查的热情身影，那是一起兢兢业业集中开展结算监督的忙碌身影，那是一起集思广益讨论科技项目的智慧身影。五年来，我从稚嫩到成熟，从懵懂到干练，收获的不仅仅是成长，更是与冀北经研院更深厚的"家"的情谊，是与同事们更深刻的"友"的情谊。

2020 年"新冠肺炎疫情"好转第一次出门生活照

冀北经研院给了我广阔的平台、最大的信任和发挥空间，让我能把个人的命运和公司发展融为一体。我还记得五年前的初心，我还保有继续与冀北经研院共发展的热情。在经研院这个充分展示人生价值的舞台上，无论是过去五年、将来的五年，每一个五年，我都将更加尽心尽责地在平凡的岗位上奉献自己，与冀北经研院一起，砥砺前行，不负使命。

冀北经研院勇敢飞，经研小伙伴永相随！

2020 年开展结算监督审核工作照

黄花晚节放清香，老骥伏枥仍从容

副处级调研员　尹秀贵

2016 年 3 月 18 日，赴锡盟山东线路
冀北二段检查工作（左二）

2015 年至 2020 年这五年是我和经研院同事们风雨同舟、并肩作战的五年，我们共同努力，同心戮力，圆满完成了各项工作任务，有力支撑了公司业务和事业发展。

五年来，我们在基建岗位上苦干实干，在复杂环境中勇挑重担，在艰苦条件下无私奉献，在具体工作中建功出彩。完成了锡盟－山东、锡盟－泰州、扎鲁特－青州等特高压建设管理工作，开创了冀北特高压工程建设的先河，塑造了良好的品牌形象，充分展示了基建人的风采和可贵。以技经专业转型为契机，强化流程化、标准化和专业化管理，编制技经评审、结算审核、特高压结算及质量监督四大手册，建立造价管理工作体系，指导经研院所技经工作。梳理造价分析、定额测算方法、造价控制研究理论、技经评价方法等四大研究领域，形成技经科研创新体系，确立技经专业转型的方向，通过挖掘造价管理的广度和深度，建立了高效运转的造价管理常态管理机制。

五年来，我们依托工程锻炼队伍，立足项目培育人才。有了人才和队伍，管理经验才可以复制，想干事有人信任，干成事才有保障，经研院才能可持续发展。我的责任就是做好同志们的企业导师，采用导师带徒的模式，应用以老带新、比学赶帮超的方式，把管理经验、方式方法、职业品德传授给他们。他们有为时，给予掌声鼓励；攻坚遇阻时，及时雪中送炭；遭遇挫折时，打开容错空间。经研院建设管理团队经过特高压工程的实战，已经磨砺出一个见任务就上，见第一就争，见红旗就扛，打起攻

2016 年 3 月 29 日，参加国网交流公司领导赴
北京东变电站调研座谈会

坚仗就嗷嗷叫的建设队伍。技经队伍在国网经研体系排名中屡建战功，建立全方位和专业化的人才梯队，树立良好品牌形象，为冀北公司战略决策、造价管控与定额管理研究提供强有力的支撑。

五年来，我们未雨绸缪，管控风险，确保了安全生产万无一失。在建设安全上，我们从每一项风险作业、每一处作业现场管起，保证了项目的安全，保障了人员的安全，为建设管理中心同志们的集体划转平安相送。在安全质量督查上，我们深刻认识做好安全督查工作的极端重要性，时刻绷紧安全这根弦，做到警钟长鸣，做实做细，深入一线，从严管控，关口前移，把安全风险挺在隐患前面，把隐患排查挺在事故前面，保障了公司基建现场安全生产的平稳有序。

2020 年 7 月，我从干了近 40 年的基建岗位上退居到二线，转型成为幕后的参谋者和咨询者。"黄花晚节放清香，老骥伏枥仍从容"，我将尽心尽力地站好最后一班岗，继续和我的兄弟姐妹们谈工作、谈理想、谈人生，看着经研院年轻人努力拼搏的身影，具有深厚基建情怀的我感到很欣慰，我知道未来的五年、十年……他们会干得更精彩。

2019 年 12 月 3 日，技经中心党委支部
2019 年度组织生活会

共济历程 弥足珍贵

设计中心 高杨

时光荏苒，转眼五年。这五年见证了经研院的发展、同志的努力付出，收获了知识、经验、友谊。我以作为集体中的一员而自豪，以有这样并肩战斗的同志而自豪。

2015 年，参加国网输变电工程设计竞赛，作为江苏姚桥 220 千伏变电站二次设计人员获得竞赛三等奖。

2016 年，参加国家重点计划项目"张北交直流配电网及柔性变电站项目"课题研究及工程可研，获得 2016 年度北京优秀工程咨询成果二等奖。

2017 年，对电力工程领域先进设计技术进行调研论证，调研成果获得采纳，获得 2017 年度冀北公司优秀调研成果奖。

2018 年 1 月 15 日，交直流配电网及柔性变电站项目现场试运行

2018 年，完成国家重点计划项目"交直流配电网及柔性变电站项目"。初步设计与施工图设计任务，保障了项目顺利落地发电。

2019 年，编制完成并发布柔性变电站设备验收规范等 9 项国网公司标准。

2020 年，参加柔性变电站关键技术、成套装置及工程应用项目，并参与编写《基于柔性变电站的交直流配电网成套设计》一书。与参加同志一同获得国网冀北公司科学技术奖特等奖、国网公司科技奖一等奖。参加了国家重点研发计划项目"多能互补微电网及'发充储放'一体充电站示范工程"建设，为公司能源互联网建设与示范贡献自己的力量。

2020 年 8 月 20 日，在多能互补微电网及"发充储放"
一体充电站示范工程现场勘测定界（左一）

只要相信，就有可能；只要努力，就能成长；只要付出，就有收获。人生历程与指纹一样，每人都有自己专属唯一、唯美经历。他是你的徽章、你的荣耀、你的价值。他就是你！

五年冀北同成长

技经中心　刘宣

2015年加入经研院大家庭，一转眼已经五年了。这五年，是不断学习、不断成长、不断进步的五年。2016年从浙江省电力设计院学习回来后，我加入了技经中心，开始从事技经相关工作。几年来，先后从事过技经评审、结算监督、课题研究以及党建工作。来经研院的这几年，我看到了经研院技经业务的逐年进步，科技项目成果不断涌现，获奖逐年累积，成立了电网投资与经营决策分析实验室，开展四大方向的课题研究，取得了良好的业绩。

2019年，参加"青春光明行，共植电网情"植树活动（左二）

在从事课题研究的工作中，面对全新的课题和科研形势，秉着工匠精神对待每一个课题任务，面对困难不退缩，面临挑战不畏惧，以乘风破浪的姿态迎接技经课题工作。从 2017 年任职技经中心党支部宣传委员以来，多次组织党员进行各项党建活动，党支部工作井井有条，先后迎接了国网公司和冀北公司党委的检查，被评为冀北公司"标准化党支部"。

2020 年，赴国网湖南综合能源
服务有限公司调研

经过五年的历练，我已经从一个刚毕业的学生，成长为一名履职尽责的电网员工，在工作岗位上贡献着自己的力量，相信下一个五年，我会跟随着经研院继续一同成长、一同进步，打造更精彩的下一个五年！

实干笃行奋发作为——我与冀北共成长

规划评审中心　石少伟

2017 年的 7 月，我在冀北经研院入职。经过短暂的培训，我很快投入到了工作中。

主网一室承担着公司主网规划的重任。在半年的时间中，在领导同事的指引和帮助下，我逐步适应了工作的节奏，完成了从学生到职工的身份转变，熟知了公司各项规章制度，学习了主网规划、电气计算等专业知识，掌握了规划仿真计算平台、BPA、SCCP 等专业软件的使用方法，加深了对冀北电网的认知和对新能源场站接入系统要求的理解，完成了电网滚动规划、接入系统评审、专题报告研究等领导交办的任务，把所学的知识应用到实际工作中，不断积累工作经验，提高工作能力。

2018 年中我在国网技术学院参加了新员工培训，在电网调度 11 班学习。电网规划工作不仅要求对电网特点有深刻的理解，对未来网架结构的发展指明方向，更要针对运行部门工作中存在的困难、提出的问题，提出规划层面的解决方案。在两个月的

2019 年 9 月 20 日，在院红歌会上领唱《四渡赤水》

学习中，我对电网运行方式等调度专业知识有了初步的理解，对规划、调度两个专业分析问题思路上的差异有了更深的认知。在规划工作中，不仅需要对系统专业有充分的理解，更要和调度、自动化、通信等其他专业加强沟通，密切配合，团结协作。这样才能使规划方案安全、经济、可行，满足冀北电网发展的需要，服务好冀北地区经济社会发展。

随着国家电网公司"放管服"工作不断推进，华北分部对于规划工作的管理不断加强，华北区域各省公司之间的交流也更加紧密。2018年下半年开始一直持续到2019年中，我在中国电科院仿真中心参加了华北电网滚动规划仿真计算集中工作，与北京经研院、天津经研院等兄弟单位的同事共同完成规划方案制定、专题仿真计算、报告撰写等工作。在这段集中工作的日子里，我更深入地了解了本公司电网发展过程中存在的问题，熟悉了与冀北电网联络密切的其他电网存在的问题和发展诉求，与各兄弟单位的同事密切交流，协同合作，建立了深厚的友谊，领悟到电网规划工作不仅需要着眼于本公司电网的发展，也需要考虑到国网公司整体的规划方案和边界条件。

2020年是"十三五"规划收官之年，也是"十四五"规划开局之年。在公司坚强领导下，我们克服了新冠疫情带来的困难，投入到紧张的工作中，编制完成了"十四五"冀北电网规划报告、电力供需报告、电气计算报告以及多项专题报告，通过了国网经研院和公司规委会审核，圆满完成了任务。

新的一年，新的开始，我会继续努力，为公司"十四五"发展建设添砖加瓦。

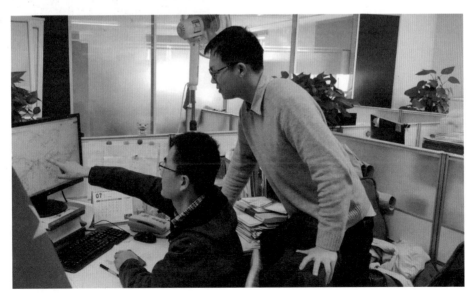

2020年，"十四五"规划讨论进行时（右一）

在工作中磨砺自我，与冀北公司共成长

规划评审中心　董少峤

光阴似箭，2015 年 7 月，我入职冀北经研院，正值"十三五"电网规划启动之年，而今，"十四五"电网规划编制已近尾声。五年间，冀北公司在缔造蔚蓝京畿的征程中不断探索前行，用"一保两服务"的生动实践展现着责任央企的"国网担当"，而我也与冀北公司一起成长、一起进步。

进入规划评审中心配网规划室工作以来，我先后承担多项重点专项工作任务，不少工作经历至今还历历在目。

2017 年 3 月，为做好 2022 年冬奥会张家口赛区配电网规划工作，我驻扎崇礼区供电公司近一个月，与张家口市、县公司及中国电科院有关人员一同走访调研各用

2016 年 1 月，在国网技术学院临汾分校练习使用脚扣登杆

户用电需求，实地勘察线路路径，编制完成 2022 年崇礼区配电网规划报告及赛区供电方案，为冬奥保电各项工作奠定了坚实基础。

2018 年 9 月，在参与京津冀及周边地区、汾渭平原"煤改电"三年攻坚方案编制集中工作期间，我细致梳理"煤改电"户数，反复测算电网建设规模及投资，与兄弟省公司同事一同奋战至深夜，高质量完成了方案编制任务。

2020 年 3 月"十四五"规划工作启动后，我又承担起配电网发展规划报告的编制工作。报告编制历时 3 个多月，经过多次修改完善后最终定稿；同年 6 月，冀北公司"十四五"规划报告顺利通过国网发展部审查，有关成果获得国网专家肯定。

个人工作照

2020年1月14日，在院职工文化展示上合唱《为了谁》（左二）

从五年前的规划新手，到今年"十四五"规划报告的主要编写成员，在各项工作中，我的经验不断增长，专业水平不断提高。在"十四五"的新征程中，我将继续努力，为冀北电网绿色发展做出应有的贡献。

成长之路　不负韶华

综合管理部　贾东雪

从 2015 年到 2020 年，五年的时间不长也不短，对于我来说却是意义非凡的时光。这五年是国家全面建成小康社会的决胜阶段、经济社会发展取得巨大成就的五年，也是冀北公司持续发展壮大、不断深化"一保两服务"的五年，同时也是我个人通过实践学习、逐渐成长的一段重要征程。

2013 年，在年会上表演小品《梁山伯与祝英台》（左一）

2015 年是非常充实的一年，刚刚加入审计队伍不久的我有幸来到冀北公司审计部工作学习，参与了企业管理现代化创新项目，成果《电网企业经济责任审计体系建设与实施》荣获 2015 年河北省省级企业管理现代化创新成果一等奖，组织开展"在依法治企中提升审计成果运用价值的管理创新"推广应用并负责报告的撰写和成果推荐工作，组织报送并编写内部审计优秀案例，获得北京市内审协会一等奖，积极参与审计记录底稿标准化模板工程管理部分的编写和审核，完成了各项工作。年底参加冀北公司组织的华联监理公司原总经理战秀河同志任期经济责任审计。

真正点亮生命的不是明天的景色，而是美好的希望。

离开校园，新起点，新征程。

怀着对未来美好的希望，

加入到冀北这个充满活力的大家庭，勇敢地走着。

跌倒了就再爬起，失败了就再努力，

永远相信明天会更好！

再平凡的岗位，

通过努力也会拥有属于自己的收获，

这才是人生中最灿烂的风景。

2016 年继续成长，回到经研院后，我先后参加了冀北管理培训中心原院长任期经济责任审计、北戴河疗养院原院长任期经济责任审计、特高压过程审计承德串补站现场审计等项目。发挥内部审计监督作用，组织开展了两项经研院内部工程审计。在一次次的"实战"工作中，在领导、同事的帮助下，我逐渐积累了宝贵的经验，工作和学习能力都得到了提升。

2020 年疫情期间居家办公

2017 年，我加入冀北公司审计队伍，赴青海开展国网西宁市供电公司任期经济责任审计。四月的青海仍然飘着雪，在时间紧、任务重的同时，还要克服高原反应，冀北审计人出色地完成了这次审计工作，我为能参与这个项目感到骄傲！

2018 年，经研院分别接受了国网公司巡视、冀北公司巡察两项重要检查，我参与了迎检工作，负责材料提供、服务配合、组织安排等，确保现场检查顺利推进。同年被抽调参加国家电网公司2018年审计项目非现场集中数据分析指引编制，梳理审计项目特点和重要风险点，对工程审计专业进行测试。

2019年年初，冀北公司对经研院开展了任中经济责任审计，我参与现场迎审及问题整改的组织工作，在全院各部门、中心的全力配合及推动下，所有审计发现问题均在年内完成整改。下半年，我首次接触政治巡察，参加了冀北公司巡察组对市公司专项巡察和对县公司提级巡察工作，巡察期间坚持理论学习，不断提高业务水平，思想认识得到进一步提高。

2020年7月3日，在院纪念建党99周年暨2020年
党建工作会上作专题汇报

2020年，随着工作岗位的变化，我开始负责企业文化相关工作。紧密围绕公司战略目标，组织开展了"党建引领凝聚前行力量，三'＋'文化推动战略实施"企业文化项目，不断加强员工队伍思想文化建设，推动战略目标内化于心、外化于行，切实落实到各项工作中，扎实推进强根铸魂工程。定期开展职工思想动态调研，充分了解广大职工所思所想，不断提升工作质效。

五年来在工作中无时无刻都能感受到的"责任"二字，使我深刻领会了需要坚守的使命和担当，在经研院这个温暖的大家庭里，在领导、同事们亦师亦友的指导陪伴下，我不断地学习、成长着，未来会继续不忘初心、坚守岗位，为公司发展贡献更多的力量！

大江流日夜，慷慨歌未央

规划评审中心四级职员　李顺昕

　　"作为国家电网公司系统内最年轻的省级电网公司，冀北公司肩负着保障首都供电安全、服务冀北地区经济社会发展和国家清洁能源发展'一保两服务'的重要职责。独立运作以来，冀北公司始终坚持科学发展，积极推动转变电网发展方式，取得了长足的进步。"这是五年前汇报"十三五"电网规划的开篇词，今天再读起来当初的工作场景皆陈列眼前，那时我和中心的小伙伴们以梦为马，颇有点"书生意气，挥斥方遒。指点江山，激扬文字"的意思，大家振长策而御网内，勠力同心高质量地完成了冀北电网第一个完整的五年规划。

2018 年 5 月，能源经济与电力
供需实验室集中讨论

2018 年 7 月，创新工作室
讨论电网规划

　　当前"世界处于百年未有之大变局"，我们每个人不仅仅是大变局的亲历者也是参与者。"京津冀协同发展""大气污染防治行动计划""张家口可再生能源示范区发展规划"以及"京张联合办奥"等政策的出台给冀北公司带来了严峻的挑战，同时也提供了发展的机遇。我们深入分析地区新能源发展、产业结构升级与调整、产业转移与承接、功能区差异化发展格局、新旧动能转换等方面问题，着力构建安全、高效、低碳的能源供应体系。相关研究成果不仅获河北省省长许勤以及能源局主要领导肯定性批示，也获得国家电网有限公司总经理、党组副书记辛保安重要批示。

这五年，经济发展进入新常态，冀北公司的经营形势愈发严峻。

这五年，新能源发电呈现爆发式增长，新能源消纳和送出的压力愈来愈大。

这五年，我和规划评审队伍共同成长，由初出茅庐到渐入佳境。

这五年，我们从当初的默默无闻，到现在主动支撑政府决策，多篇研究专报呈报河北省政府领导，常态化出版《河北能源发展报告》。积极输出公司智库观点，持续扩大公司影响力，不仅发出了"冀北声音"，也为建设具有中国特色国际领先的能源互联网企业贡献"冀北智慧"。

2019 年 12 月 3 日，规划评审中心党支部学习（右一）

大江流日夜，慷慨歌未央。五年中物非人亦非，不变的是我们心中的梦想和为了梦想而奋斗的刚毅和坚持。

心之所向，芒履亦往。我们永远以今天为起跑线，不负韶华，勇担时代重任，志存高远、脚踏实地，以不懈拼搏成就梦想。

这五年不仅有梦也在追梦

综合管理部副主任　韩锐

时光如梭，风雨同舟。转眼我与经研院共同走过了"十三五"。五载教给我的不仅仅是专业知识的进步，更给我一种用心昂扬的态度，而百日终究只是短暂的开头，日月轮换季节更替，更重要的是在今后的职业生涯中继续砥砺前行，五年是印记；五年是转折。

2019 年 8 月 28 日，在冀北公司党校
参加院中层干部培训

回顾过去的五年，我先后在经研院计划经营部、三维公司（集体企业）、设计中心工作，在不同岗位得到了不同的锻炼机会，忙碌而充实。五年间，在领导的指导、关

心下，在同事们的帮助和配合下，主要完成了公司10多项500千伏输变电工程竣工环保、水保验收批复；深化落实国家电网公司和国网冀北电力有限公司关于集体企业"突出核心业务、实施瘦身健体、推动集体企业改革发展工作"的相关要求，完成审计、资产评估、法律鉴证、资产备案、清理债权债务、税务清缴审查、税务注销、制定清算报告、工商注销、与华科三维公司的资产交付、账务处理、注销银行账户、资料归档等注销工作；全过程支撑公司环水保审评工作、京研公司甲级资信评价申报、围绕公司的战略部署积极相关研究工作，始终以"在学中干、在干中学、多干多学"的心态，通过不断熟悉掌握新的岗位职责，全力以赴完成各项工作任务。

参加京研公司2020年咨询甲级申报工作推进会

忆五载峥嵘岁月，展未来任重道远。五年的成长历程已成过去，期间流走的是时光和岁月，沉淀的是人生经验。工作依然，感悟常在；一路走来，一路规划；抱着积极向上的态度，热爱工作，保持随和的心态，与经研一道展望下一个五年！

一路走来，一路收获，一路感激

技术经济中心　张妍

春夏秋冬不经意间，我与冀北经研院又走过了一个五年。一路走来，一路收获，一路感激。

个人工作照

说到收获，首先，是自信、认真和坚持。一次次评审，一篇篇报告，一场场活动。五年时间里，我积攒了无数珍贵的人生阅历。有专业培训中收获的知识储备，也有业务工作中收获的经验沉淀；有课题研究中收获的攻坚克难的坚韧意志，也有工会活动中收获的青春挥洒的满满活力。经研院教会我的是，不论做什么事，只要自信、认真、坚持，结果就会大不一样。

其次，是团结合作和独当一面的可贵。在冀北经研院这个年轻的团队里，我们把彼此视作"一家人"，互相依存、风雨同舟、荣辱与共，用集体的力量共同推动着经研院的发展。在这蒸蒸日上的五年里，我既体会到了精诚合作的重要性，又练就了过硬的功底，培养自己独当一面的能力。这些能力让我在精神上和心理上更加独立和成熟，让我在自我成长的道路上走得更远。

2018 年 2 月 9 日，在院职工文化成果展示沙画作品《创世纪》

2020 年 9 月 8 日，开展基建工程初设评审工作（左二）

最后，是无尽的感激。人生如梦，一路走来细细聆听，感受生命带来的韵律，感动风景的一路同行，感激让我们成熟的四季冷暖。感动中学会了坦然面对人生。漫长的岁月磨炼了我们的意志，曾经所有的不甘心，在流年里渐渐的懂得了去适应，也深深地体会到，那些苦辣酸甜才是生命里最亮丽的那道彩虹，所有的坎坷历练了我们多彩的人生。

心有多宽广，舞台就有多大。几度春秋，几多汗水，我常常怀着对企业的感恩之心，对肩负职责的赤诚之情。冀北经研院为我提供了展示人生价值的舞台，在这个舞台上，不论是过去、现在、还是将来，我都将继续尽心尽责地在平凡的岗位上奉献自己，继续和一群积极、友善、锐意进取的同事们共同创造冀北经研院的辉煌。

来自元月 8 日发布的《第三集》作者的感言

李红建：奉命而作耳。草就短章，以应其旨。后，得面命，遂易其稿，填《金缕曲》一阕，聊供一哂。

唐博谦：未提笔时，还有些畏难情绪，不知道写些什么。可真当笔墨流淌开来，却又一发不可收拾，五年来的往事件件涌上心头、浮于脑海。感谢这次活动，让我们停下匆忙的脚步，有一个认真总结回顾的机会。

聂文海：感谢院里提供这次回顾五年的机会，借着这次活动，重温了自己作为国网人的初心，也更坚定了为电网事业持续奋斗的决心，特别是看到这么多同事与我有共同的想法和干劲儿，感到高兴和振奋！

秦砺寒：这么多年搞电网规划的经历已经习惯了在各种报告中汇总梳理电网发展的"十二五""十三五"，但对于自己人生的五年还是第一次这么认真的回顾。感谢院里能搭建这么一个平台！

尹秀贵：五年来，看到经研院不断发展壮大，看到各专业能力不断提升，看到员工们不断成为业务上的行家里手，作为一位老经研人我甚是欣慰，我为有这样的经历，有这样团队，这样的同行人而自豪、骄傲。长江后浪催前浪，一代更比一代强，祝电网基业长青，愿经研永续发展！

刘　宣：入职刚好五年，恰逢此次活动，书写了自己入职五年以来的感受，随着经研院一同成长，一同进步，感触良多。感谢院里给我们一个总结回顾的机会，希望在接下来的工作中再接再厉，继续前进！

石少伟：这次参加"我与冀北共成长的五年"活动，我看到了很多领导、同事这五年工作的变化，体会到了经研人五年奋斗的不易，也为我们五年来取得的成绩感到自豪。展望"十四五"，我们要继续实干笃行，奋发作为。

董少峤：在冀北经研院工作的这五年，是见证冀北公司"十三五"规划成果落地见效的五年，也是自己由一名新人逐步成长为具有一定经验的规划专业人员的五年。这次征文活动是一个很好的契机，让我能够回望五年来的成长轨迹，也使我对走好"十四五"新的征途充满信心。

贾东雪：感谢院里提供的这次与自己对话的好机会！静下心来回首这五年时光，很开心也很感慨，希望下个五年能再接再厉，成为更好的自己！

李顺昕：回望过去的五年，感受颇多，展望未来的五年，信心满满！心之所向，芒履亦往，以今天为起跑线，不负韶华，勇担时代重任，以不懈拼搏成就梦想。

韩　锐：通过这次"五年"感悟征文活动，突然发现记录是一个很好的习惯，当时光流逝，冲刷着记忆的往事渐行渐远，但这些文字和照片很好的留下了我们在工作和生活中不一样的印记，感谢给我们一个静下来回忆的机会。

张　妍：通过品读"这五年"的文字，让我重温了每个同事在经研院成长的故事；通过翻看"这五年"珍贵的照片，让我仿佛在欣赏一个大家庭的合影。希望我们继续为经研大家庭发光发热，用热情拥抱未来下一个五年！

经研冀忆
2016——2021

5周年

第四集

今天是个好日子！

我与冀北一起成长的这五年之经研篇（第四集）
今天是个好日子！

第四集又和大家见面了。十三篇短文中，最令我感动的是我们王清香总的短文，一位工作将近30年的巾帼英雄，昨晚还在为抗击疫情奔忙，她想到的更多的是员工，成绩归功于集体，今天是个好日子，让我们向清香姐送去祝福。

文笔最令我佩服的是规划评审中心岳昊，700个字，把个人的学习、生活和工作进步说清楚，把部门、经研院和冀北公司取得成绩说明白，最后落脚点在国网公司新战略，太不容易了。关键是这孩子还知道疼人，不让小编为了短文的封面和摘要费心。

最遗憾的是我们团委书记陈翔宇的短文本应该刊登在第二期，由于小编想找好点的位置，急着在24点前发稿，给遗漏了。

报告大家一个好消息，根据热心读者的建议，当天我们就向曾经在经研院工作过的同事发出了约稿函，"老同事们"积极响应，目前已收到多篇短文，写得都非常感人，我们将在下期集中刊登，那是相当值得期待！同时希望更多的同事拿起笔来，和我们共同回顾冀北的这五年。

话不多说，带您认识我们经研院更多可爱的小伙伴。

感谢成长路上有你相伴

副总经济师　王清香

　　进入职场近三十年来，我经历过无数次单位的调动、岗位的调整，现在回顾彼时的情绪，已经记不起哪次是兴奋、哪次是忐忑，哪次是迫不及待、哪次是无可奈何。今天，站在人生五十岁的路口，经历了收获和遗憾、欢笑和泪水、荣誉和汗水后，此时的内心只剩下一种情绪——感恩！感谢成长路上有你相伴！

2019 年，综合管理部部分人员合影（右六）

　　五年的时间很短，短得今天想起五年前的事情，一幕幕就像发生在昨天。支部建设、人才培养、人资管理……每一次大考都离不开团队的共同努力。五年的时间又很长，长得五年里满满的回忆根本都想不完。嘘寒问暖、互帮互助、同心协力……每一次困难背后都有温暖的支撑。五年的时间又刚刚好，因为每一个五年都可以好好规划，每一个规划都可以圆满收官。

期待下一个和你在一起的五年！期待未来你拥有无数个美好的五年！

2020 年 11 月 5 日，综合管理部获评冀北公司抗"疫"先进集体

又逢五年回首时，一路风雨一路歌

规划评审中心　岳昊

又逢五年回首时，一路风雨一路歌。

五年的时间，不长也不短，平凡而又不凡，对于普通人来说也许就是普普通通的五年时光，但对于我来说，这五年可以说是我的人生中最意义非凡的五年。这五年的时光，感谢经研院与我相伴，我们一起砥砺奋进，不断向前，她见证了我从一个初出茅庐的毕业生成长为了能勇挑重担的电网规划工作者，从为人子成长为了为人夫、为人父。

同样我也见证了经研院的成长，见证了她一次又一次的创新，一次又一次的蜕变。五年的春华秋实，见证了经研院的茁壮成长；五年的累累硕果，饱含了全院100多名员工的辛勤汗水；五年的不懈努力，锻造了一支支撑冀北公司和电网发展的人才队伍；五年的开拓进取，打造出了经研院的卓越品牌。从2015年到2020年，从"十二五"到"十三五"，经研院紧随时代变迁，紧跟公司和电网发展，胸怀大局，把握大势，融入大潮，勇担大任，业务支撑范围从原有的"大规划""大建设"全方位拓展至国网冀北

公司生产、营销等十几个专业，为支撑公司和电网发展作出了突出贡献。

五年来，我早已将经研院看作一个可爱的大家庭，这里有我们的依靠与寄托。在这里我们结下了兄弟姐妹般的情意，在这里我们所有的摩擦、误解、不悦都被五年的岁月所融化，沉淀下来的是那份浓浓的宽容与深深的责任。这五年对于我来说也学到了很多，认识了很多，成长了很多。感谢这五年有经研院相伴，感谢有她的指引，我才能顺利地走上自己的工作岗位，才能最大地发挥出自己的人生价值，庆幸我的人生中最重要、最美好的时光能够在经研院度过，一路相伴。

不忘来时路，方知向何行。经研院的昨天已经镌刻在冀北电网发展的史志上，经研院的今天正在一百二十余位同志手中创造；而经研院的明天，在院党委的坚强领导下，在守正创新、担当作为，在建设具有中国特色国际领先的能源互联网企业贡献力量的征程中，必将更加美好。

成长路上的这五年

团委书记　陈翔宇

　　时光飞逝，遥想五年前，我还是那个刚刚离开学校、初入社会的电网新兵；而如今，我已逐渐在冀北公司快速发展中找到了自己的方向，并在这五年的历练中有所收获，有所成长。

　　2016年年初，刚刚完成国网公司新员工集中培训的我来到了冀北经研院的新办公场所。在那时，冀北经研院设计中心的系统设计专业也才刚刚起步。从参与经研院设计中心第一个接入系统设计项目开始，我学到了大量不同于教科书上的经验与知识，在领导、前辈的倾囊相授和严格要求下，我得以快速成长。五年后的今天，我已初步可以作为设总，带领团队完成各种不同类型项目的接入系统设计工作。

　　从2017年起，我便参与了大量科技项目研究工作，包括国家重点研发计划《±500kV柔性直流电网系统级可靠性评估与优化措施研究》以及《柔性直流工程成套设计与系统集成及其工程示范应用》等一系列重量级的研究项目。在对科技项目的研

2018年5月9日，代表院参加冀北公司五四活动

究中，我扩宽了思路和视野，锻炼了科技
创新的能力，并荣获了包括冀北公司科技
进步特等奖在内的多个奖项的鼓励。

个人工作照

也是从 2017 年起，我成为了设计中
心党支部的宣传委员，开始了党建、业务
双肩挑的全新挑战。这几年，无论是在党
建工作中创新宣传教育形式，还是在宣传
工作中实现冀北经研院高级别宣传平台创
零的突破，抑或是在文艺比赛中经研院设
计中心团队荣获冀北公司十佳文艺作品殊荣，我都有幸作出了一些贡献。

2020 年以来，我兼任经研院团委书记，面对又一项全新工作，我将继续砥砺前行，
积极服务好经研院团员青年，带领广大经研院团员青年充分发挥好青年生力军和突击
队作用，积极为经研院的改革发展作贡献。

2020 年 12 月 1 日，院团委在青年中交流
习近平新时代中国特色社会主义思想

2021 年，新的五年已经开始，我将立足岗位，与冀北公司、与经研院一道，继续
乘风破浪、再创辉煌！

五年成长，五年感悟，拼搏进取，不负青春

规划评审中心　赵芃

2015 年 8 月 3 日，是一个值得纪念的日子，在这一天我加入了冀北经研院这个大家庭，如今算来五年有余，五年里，快乐和收获并行，压力与期待并行。

在经研院这个大家庭，我们就像孩子一样，获得成长的快乐、自我价值的实现和展示才华的平台。五年来，我获得了参加国网技术学院培训的机会，并得到双优成绩；赴浙江省电力设计院学习交流一年，全过程了解设计流程，熟悉施工图绘制，得到了现场的实践机会，为以后的评审工作奠定了坚实的基础。

在一次次的评审会中，我从懵懂的毕业生逐步变成一个成熟的职业人；在党员服务队和支部工作中，我积极向上，收获友谊，和志同道合的同志们一起努力，获得一个又一个的小成绩。

2019 年 9 月，与国旗合影

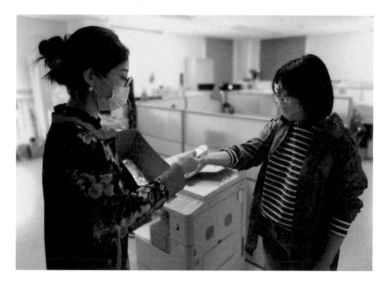

2020 年 5 月，作为青年突击队员为职工测温（左一）

2020 年 8 月，参加技改大修评审

　　我相信，自己的一点点努力，走出的每一小步，添砖加瓦的每一块，都是自己发展中的一座又一座里程碑。

　　我相信，在未来的日子里，我会不断立足当前，着眼长远，尽职担当，积极作为，在奉献实践中坚定搏击风浪的信心，不断历练腾飞的翅膀，向着更广阔的天空去探索、去翱翔！

与电网规划共成长

规划评审中心副主任　杨金刚

2016 年至 2020 年，冀北电网已经走过了一个完整的五年规划期，实现了特高压的首次入冀，世界首条 ±500 千伏多端环形柔性直流电网落地冀北，新增 35 千伏及以上变电站 140 座、变电容量 5009 万千伏安，新能源成为冀北电网第一大电源，风电、光伏装机容量分别是 2015 年的 2 倍和 8 倍。伴随着电网的发展，我和规划评审队伍共同成长，从"十三五"主网架规划报告实现自主编制，到现在"十四五"规划"1+3+5"的报告成果体系，成绩得到了各方的认可。

2015 年 4 月，参加颐和园健康大步走工会活动

2016 年，冀北公司成立重大科技示范工程科研支撑技术组，我有幸成为柔直电网系统设计技术组的一员，亲身经历了张北柔直示范工程从提出到投产全过程。虽面临种种技术难题，但也学到了很多东西。

2017年，公司正式启动了冬奥会张家口赛区电网规划方案研究，针对涉奥的几个重点输变电工程，多次赴现场进行实地调研，确保规划方案能够顺利落地。

2018年，开展了主网架规划项目滚动调整工作，根据国家、河北省国民经济发展和新能源发展规划，对"十三五"主网架方案进行滚动调整，开展相关专题论证，适时优化调整项目库。

2019年，公司启动网上电网建设，实现数据一个源、电网一张图，经研院作为业务场景的应用评估单位，从电网规划、项目评审的业务出发，提出了多项功能完善建议，不断提高系统功能的实用性和友好性。

2020年，既是"十三五"规划的收官之年，更是谋划"十四五"的关键之年，公司下达了"十四五"电网规划工作方案，经研院规划团队克服疫情影响，圆满完成了"十四五"电网规划的编制工作。

2020年能源经济与电力供需实验室讲解

告别"十三五"，迎来"十四五"，让我们重新出发，以梦为马不负韶华。

走稳脚下路，履好肩上责

设计中心　苏东禹

今年已是我到冀北公司工作的第四个年头。四年来我从一个只知埋首书本的学生成长为一名合格的央企员工，我最大的感受就是：走稳脚下路，履好肩上责！

2017年7月，我走出象牙塔，进入经研院工作。当时，我觉得在央企上班，一定是一份光鲜亮丽、出人头地的工作。然而，现实跟我的想象并不一样。入职不到半年，我被派去做张北柔直配电网工程设计方的工地代表。时值年末，张北县天寒风大，野外施工，伸不出手，走不稳路。看着冀北的同事们睫毛上结着冰，顶着风艰难地运送物资，他们却不说苦也不怕累，一心一意地为柔直配电网工程早日完工、为当地贫困群众早日带来光明和温暖默默付出，给我带来了很大心灵冲击。正是这两个月的工作经历，让我了解到，作为国家电网的一员，肩负着怎样的使命和责任。也是从这段时间开始，我下决心要尽快提升自身的业务能力，尽快为经研院的工作尽绵薄之力。

2017年，入职新员工合影留念（前排右一）

2018年，机会来了。在单位的安排下，我赴河北省电力勘测设计院系统学习输电线路结构设计一年。在此期间，我刻苦学习工程设计方法，作为主要完成人参与了四项电网工程的设计工作，积累了设计经验，初步具备了一名专业主设人员的基本业务水平。与此同时，院里的领导和同事给予了我无私的帮助，替我分担了不少工作，让我能够专心学习，快速成长。

2019年返院工作后，我正式开启了设计生涯，作为主要负责人和校核人完成了张家口旭弘新能源示范项目的可研工作和廊坊花科110千伏输变电工程施工图设计工作。在此过程中，虽遇到了不少技术挑

2020年7月31日，张家口十八家220千伏线路工程终勘定位

战，但通过积极地向领导、前辈请教，打通了设计路上的堵点，工作越来越顺畅。

对我而言，2020年是收获满满的一年。感谢领导的认可和信任，我作为结构主设人参与了张家口十八家220千伏输变电工程。十八家工程线路长约63公里，且80%处于山区，对于首次进行山区线路结构设计的我来说，设计难度非常大。不过，我了解到，该工程有着十分重要的意义，能够有效满足怀来大数据产业基地项目用电需求，助力怀来打造成为首都信息技术产业最佳承接地和国内大数据产业发展的最佳绿色聚集区。因此，我自我加压，充分利用各种学习机会，跟随着线路的铺设轨迹，我也翻越了设计道路上的一座座大山，不断向各位前辈看齐。与此同时，依托"智能设计""冀北地区全息数据平台"等科技项目，我丰富了知识储备，提高了认知水平，逐步成为设计经验和科研水平都硬的线路技术人才。

更让我感到兴奋的是，由于我各方面的表现积极，经过组织考察认可，我光荣地成为了一名中共预备党员。在感到开心的同时，我也认识到，党员就要冲锋在前，吃苦在前，在以后的工作中，我一定要以更加严格的标准要求自己，迎难而上，做出表率。

加入冀北的时间虽然不长，但这几年我能明显感觉到，在单位的精心培养下，我正在和冀北这家国网最年轻的省公司一道成长，我也为此做出了一点小小的贡献。

成绩属于过去，道路仍在前方。"十四五"征程已经开启，我将继续坚守岗位，快速成长，与冀北公司一道前行，为"一保两服务"工作的尽善尽美继续做出个人应有的贡献。

携手共进，一路同行

规划评审中心主任助理　刘丽

时光荏苒，白驹过隙，随着由"十三五"跨入"十四五"，我也成为冀北公司和经研院这五年发展的亲历者，成为团队和自己成长的践行者。

平台决定眼界

初入规划评审中心，首次参与"十三五"规划，了解规划体系，学习规划方法，研读规划目标。结合自己的专业专长，思考规划与项目之间的迭代关系，在项目评审时主动思考与规划目标的有效衔接；评审工作的定位要求自己在繁忙又饱满的业务中不断适应学习，电代煤、光伏扶贫、机井通电、柔性直流、冬奥配套电网建设……每类项目的评审都要储备并

2015 年 7 月，配电网储备项目
集中评审会（前排右三）

灵活应用相关技术要求和专业知识，这是对评审人的挑战，也是激励我成长的契机。

团队共促成长

五年来规评团队以通力合作、共克时艰的共识，加强专业融合，形成了"规划＋政策＋评审"的协同氛围。敢挑重担，在重大项目的评审会场，经常会看到评审人员

就某个技术问题热烈讨论的身影，可以看到放弃午休时间连续"作战"到傍晚的同事们。我们共同走过的日日夜夜成就了冀北声音、规评力量。勇于"破冰"，我们敢于思考和实践，在"新一代智能变电站技术""多场景多类型储能应用""储能云平台研发和应用""网源荷储协调控制系统"等领域的研究中，实现了多项突破，取得了累累硕果。

2018 年 10 月，煤改电项目审查（左二）

2019 年 8 月，摄于冀北党校

2020 年，电网"十四五"规划启动，电网发展未来可期，未来的五年我们必将见证电网网架更加坚强、方式更加灵活、多能源模式交互、智能化数字化电网的长足发展，作为电网发展的践行者，我们必将无往不胜，续写辉煌！

共同成长，共同进步，我与冀北的这五年

规划评审中心　梁大鹏

今年是 2020 年，五年前的今天我刚刚开始参与评审工作。那个时候，作为入职两年的新人，得益于前辈的指点与教导，我从配电网规划专业转到了项目评审专业，开启了我的评审之路。

五年前，作为评审新人，参与评审工作的主要内容集中于会议意见的记录、整理以及评审意见的梳理汇总。在会上，有幸能够多次现场观摩行业前辈的工作风采，并悉心记录下每一次审查时专家们提出的各类技术要点，心中充满着对前辈们丰富的知识储备、准确的规范记忆、严谨的工作作风的敬佩。正是在这些兢兢业业的前辈们的引领下，我一步一步学习着，直到可以独自完成工作。

2015 年，办公室留影

这五年间，每一年都从事着评审工作，接手了一项又一项可研，送走了一项又一项初设。看着自己评审过的一条条线路逐步搭建起日益完善的冀北网架，一基基铁塔

2020 年，参加冀北经研院主题故事分享会

撑起了冀北公司壮大发展的广阔未来，着实令我踌躇满志又心怀期待。

愿冀北公司迎来更加美好的下个五年。

那些伴着冀北奔跑的日子

规划评审中心　武冰清

加入经研院大家庭以来，这已经是我经历的第三个寒暑了。回首来路，昨日的我仿佛刚刚踏出校园，今日的我已伴着冀北走向"十四五"。

2018年的我，初入职场，懵懂与忐忑混杂。在综合管理部工作的半年里，我在各位领导同事的帮助下完成了从学生到职工的身份转变，逐渐熟悉了党建工作，提升了协调处理能力，圆满完成了自己所承担的各项工作任务，个人职业素质和业务工作能力都取得了一定的进步，为今后承担各种工作打下了良好的基础。

2019年的我，来到了规划评审中心，面对从未接触过的专业工作，有紧张但更有干劲。这一年里，我多次参与完成了经济活动分析、电力供需形势分析和电力需求预测等报告的编写工作，参加了为期两个月的国网新员工培训并被评为"优秀学

2019年5月12日，赴山东
参加国网新员工培训

员"，在不断进行理论学习并妥善完成工作的过程中，我的个人工作能力和沟通协调能力得到了很好的锻炼。

2020年的我，在突如其来的新冠疫情下，同冀北公司一起走过困难的开端，一起走完奋斗的一年。特殊时期工作开展的困难和"十四五"规划任务的紧迫使我在这一年中快速成长。我从电力市场分析预测、电力供需分析等公司报告的参与者成长为了

负责者，业务能力获得了长足的发展；参与了多项科技项目研究工作，负责完成了创新小组课题研究，科研能力有所提升。除此之外，我还接手了中心的工会工作，在积极为大家服务的同时也提升了我的处事能力。

2019 年 9 月 20 日，参加院合唱比赛（前排左四）

2020 年 1 月 14 日，院职工文化成果展示
参演人员合影（前排左三）

我与冀北一起成长的第一个五年还没有结束，我会继续全力奔跑，不断迎接新的挑战，不忘初心，砥砺前行！

成长与收获——我与冀北一起成长的这五年

规划评审中心　刘志雄

从大学校园走向工作岗位，转眼已经五年。

这五年是成长的五年，初次接触规划评审工作的我意识到了实际工作和学校知识的巨大差异，通过五年的自我学习和领导同事的帮助指导，如今我已经成为中心工作的主力一员。

这五年是收获的五年，通过积极参与中心科技创新工作，我荣获省公司级科技进步一等奖，河北省科技进步三等奖等多项奖项。

这五年是温馨的五年，在工作和生活中我收获了很多领导同事的关怀和帮助，让我感受到了这个集体的温暖，我的"朋友圈"更扩大了。

2019 年 12 月，荣获国网公司科技进步奖合影留念

2020 年 6 月，评审冀北公司营销投入项目

我与冀北共成长

规划评审中心　孙海波

　　时间飞逝，岁月如梭，转眼间来到冀北经研院已经快三年，这段经历是学习、成长、奋进的时光。

　　我从刚毕业的青涩稚嫩到逐渐融入专业工作中，完成角色转换。在综合管理部见习的半年时间中，我对院内组织结构、工作流程、专业分工有了较为深刻地了解，为之后的专业工作打下了基础。同时让我认识到综合管理事务也是一门精深的学问，如公文起草及流转、档案归档及整理等，这些背后的工作是对业务工作的有力支撑。

2019 年 6 月，参加国网公司新员工培训（前排左五）

　　随后，我进入规划评审中心通信与智能化规划室从事通信网规划及评审工作，在这里我得到了同事的悉心指导、部门领导的关爱关怀，更加促使我努力学习专业知识，尽快适应规划评审工作。工作中，我深刻感受到各专业、各工作间的紧密配合，从规划引领到项目评审落地的纵向贯通，从系统、二次、线路等专业与通信的横向融合，培养了我从整体观念出发、从细节入手、多专业协同的工作思路，让我受益匪浅。

2020 年 11 月，参与项目评审工作（左一）

在经研院工作的时间，不仅是提升个人能力，更是发挥所学所长，为公司发展和专业建设贡献力量的三年。今年作为"十四五"规划的开局之年，我将跟随经研院的脚步，不断突破，再出发！

完成身份转变的心路历程

规划评审中心　张玉

2020 年 6 月，我正式结束了自己的校园生活，从华北电力大学毕业了。2020 年 11 月 4 日，我来到了经研院，正式开启人生新的篇章。

2019 年 5 月，学生时代留影

在来到经研院的第二天，就参与了为期两周的线上新员工培训，对国网以及冀北公司的概况、管理体系、公司制度等有了更为深入的了解，对经研院各部门、中心的职能以及主要工作也有了初步的认识，随着培训的结束，工作热情空前高涨，希望能够尽快在工作岗位中发挥自己的作用。

2020年11月12日，参加新员工线上培训（右二）

培训结束我就进入见习阶段，开始逐步学习一些具体的工作内容，此阶段我接触的工作虽然细琐、繁杂，但却关系着每位员工的切身利益，不仅需要严谨的工作态度，还需要饱满的工作热情。在这紧锣密鼓的两个月内，我经历了很多、接触了很多，打破了自己原有对于央企工作的刻板印象，我们的工作忙碌、充实，又充满意义。

两个月的时间转瞬即逝，适应了新的角色，有了新的感悟，对未来有了新的谋划，希望下个五年再次回顾往昔时，可以洋洋洒洒、挥斥方遒。

过去五年，我还是一名懵懂无知的学生，在为工作储存知识，没能参与经研院的发展；未来五年，我必将砥砺前行，为公司发展添砖加瓦，做一名优秀的经研人！

来自元月 13 日发布的《第四集》作者的感言

王清香：五年，弹指一挥间。我们走过的日子，酸甜苦辣咸，有领导的正确引领，同事的亲切关怀，有风雨兼程时的不忘初心，全力拼搏时的相互扶持，见证着你我的成长，我们心中的梦正圆。

岳　昊：一晃入职 6 年，看到专栏的征稿启事，其实想说的话很多，却不知道从何说起，感谢经研院提供"我与冀北共同成长这五年"专栏平台，有机会让我去细细回忆这五年的成长经历，一幕幕场景，一处处变化，一切都还是记忆犹新，难以忘怀，期待日后有更多更好的专栏推出。

陈翔宇：感谢经研院给了这次难得的机会，让我重温了过去五年的时光。这五年，也是我从学生变为职场人，并逐渐成长的五年。感恩经研院，也祝经研院在未来也一路乘风破浪，再创辉煌。

赵　芃：五年的时光，想说的太多，一切语言都化作感动，感谢，感恩，化作行动！非常珍惜这个机会，让我停下忙碌的脚步，静下心来好好思考五年的成长历程，收获多多，信心满满！希望在以后的日子里，能像今天一样，常常回首和思考，踏踏实实迈出属于自己的每一步。

苏东禹：衷心地感谢经研院为我们搭建了一个这么好的平台，愿我们在党组织的旗帜引领下成为更好的自己。

刘　丽：参加这次活动使我能够放缓前行的脚步，回望过去的五年，经历的岁月和年龄的成长使我变成了工作和生活中的"多面手"，成为冀北经研院这五年发展的亲历者，团队和自己成长的践行者，感谢这个机会，回忆将载着我远行，朝着未来去拼搏和努力。

梁大鹏：很感谢院里能给我们大家这样的机会梳理回顾自己的成长历程，通过这次回顾，我们再一次发现个人的成长与公司的发展是如此密不可分，橘生淮南则为橘，生于淮北则为枳。感谢公司能为我们每个人提供成长的空间，携手共进，相伴同行。

武冰清：生活和工作推着我们一直向前奔跑，每天都在迎接新的事物、新的挑战，不断收获成长的同时也免不了对前路有些迷茫。感谢这次征稿活动，给了我一个回首来路、正视己身的机会，其他领导同事的投稿也让我学到了很多。借此机会，我要整整行囊再出发！

刘志雄：参加本次"我与冀北的五年"，也是对自己的一个总结，回顾来时的路，才能更好地出发。

孙海波：通过这次活动，我深切感受到同事们与公司共成长，共发展的强烈愿望，也促使我在日后的工作中将个人发展融入到公司建设中，脚踏实地，力争取得更大进步！

张　玉："这五年"，是一个忆往昔的机会，到经研院已两月有余，但初到的情景还历历在目；是一个认识各位领导、同事的途径，阅读完其他同事的文章后，感触颇丰，不由得加快了自己前行的脚步；是一个介绍自己的平台，作为新学生的我，亦珍惜、亦感谢！

经研冀忆
2016—2021

5周年

第五集

快来看经研院
"老同事"们的感言!

我与冀北一起成长的这五年之经研篇（第五集）

快来看经研院"老同事"们的感言！

　　大家还记得前几期提到过的热心读者么？昨天一早收到她的微信，询问"是今天刊发合集吗？"看到信息的那一刻，我好感动！多么好的读者！多么好的家属啊！于是周末赶快加班，赶在今天凌晨，让"老同事"专刊，就在此刻，和大家见面！

　　感谢投稿的十位曾经的经研人，希望您们一如既往关心和支持经研院的发展，多回家指导工作。

过去的五年，有欢笑，有泪水，也有遗憾

国网冀北电力审计部主任　沈卫东

时光如梭，回首往事，感慨万千；

血气方刚的经研人，在广袤的冀北大地挥洒汗水。

从40多元老到上百精英，

从纸上的规划到条条银线，

从二维的CAD到三维软件，

从迷茫无助到一本本规程标准报告出炉，

从象牙塔走出的少年，已经成为撑起冀北智能电网的脊梁。

那些奖状，那些奖杯，那些专利，

静静地述说着经研人不懈地追求、奉献。

过去的五年，有欢笑，有泪水，也有遗憾；

未来的五年，祝愿经研院超越梦想，再创辉煌！

参加院"健康大步走"合影留念

财务资产部党支部合影

摄于院职工文化成果展示现场

五年蜕变　五年成长

国网冀北电力党委党建部　　吕雅姝

参加工作已经有 7 年多的时间了，从财务到办公室再到党建，从经研院到本部，岗位职责的变化，不变的是感恩的心，感谢冀北这个温暖的大家庭，让我们不断蜕变与成长。

2015 年，是和经研院财务部小伙伴们并肩战斗的时光，那是一个平均年龄只有 29 岁的"战斗集体"，每天大家都高效地工作，愉快地生活，处处洋溢着青春的活力。

2016 年，个人工作照

2018 年，工作调整，我来到了办公室，也让自己变身成了一个"小陀螺"，哪里需要我就转到哪：年初职代会报告的起草人是我，一年一度的职工文化成果展示主持人有我，职工书画室的绘画和陶艺作品名签上还有我。

在办公室工作的三年多，我收获了很多荣誉，冀北公司先进工作者、经研院先进工作者，其中最让我骄傲的是，参与筹建的职工书画室，被评为冀北公司星级党群工作示范点。据同事们说，直到现在，我的"大作"还一直"陈列"在书画室和职工书屋。

2017 年，国网青创赛"三杰"于比赛前在职工书屋合影留念

2017 年 4 月，欢送郭倩合影留念

2019 年，是自我挑战的一年，我报名参加了冀北公司本部的培养锻炼，并有幸于 2020 年加入本部党建部这个大家庭，成为一名光荣的党建工作者。在全新的环境下，是各位领导、同事的亲切关怀和帮助，帮我度过了略显难熬的适应期，带领我迅速转换角色，融入其中。

落笔的一刻，窗外虽树木凋零，却暖阳高照。"十三五"已画上句号，"十四五"已悄然启程，希望在今后的日子里，能够和广大冀北同仁一道，共同描绘美好未来，书写属于我们的华章！

愿经研院乘风破浪，再创辉煌

国网冀北电力巡察组二级职员　成建宏

在经研院创业这五年是我最难忘的五年，这五年我们团结奋进、顽强拼搏，取得了骄人的成就。

2013年，在院年会上现场讲话

这五年经研院培养了我，改变了我。

这五年让我相识了众多有血气的年轻人，相遇了默默奉献的经研人，太多的感谢和崇敬之意无法用语言来表达。

愿经研院在建设具有中国特色国际领先的能源互联网企业中贡献才能，贡献智慧，乘风破浪，一路前行。

2014 年，冀北公司职工篮球联赛

2015 年，参加冀北公司职工足球联赛

经研记忆这五年

国网冀北工程管理公司综合管理部　苏宇

非常开心，能有机会和大家一起分享我的成长经历。

2015 年，大学毕业的我有幸来到冀北公司工作，被分配到经研院的建设管理中心。在这里，领导、前辈、同事的悉心关照让我快速适应了从大学到职场的转变。

2015 年，新入职员工合影

2016 年，是特高压建设如火如荼的一年，我和我的小伙伴们奋战在一线，现场条件艰苦，工作强度大，但是能够学习掌握到更多的专业知识和技能。扎根岗位的我，努力汲取着养分，在学习和实践中不断提升着自己。

2017 年，由我参演的说唱音乐作品《欢迎来到北京东》获得了当年"国网故事汇"的一等奖！这部时尚又充满强烈青春气息的作品 MV 一经面世，就收获了许多好评，展现了我们这一代电网建设者最佳的精神面貌。

还是2017年，或许是在院里诗歌朗诵比赛的出色表现引起了领导们的注意，我被调整到办公室文字秘书岗，从扎根一线变为埋头书案。这期间，数不清写了多少稿件，码了多少文字，但能够真切地感受到自己的逻辑思维和表达能力得到了极大提升！

2018年，由于改革的原因，我离开经研院，调整到工程公司，又一个温暖的新家。在这里，我接触到了更多的专业内容，也结识了更多新的朋友。

2020年，我报名参加了冀北公司的培养锻炼，来到本部秘书处工作。文字工作对我来说并不陌生，但工作环境和内容要求却有很大不同。在领导同事的帮助下，我适应得很快，逐渐融入其中。培养锻炼期间的一个小惊喜，就是参加本部乒乓球比赛，获得了第四名的成绩，和前三名就差了那么一点点！

2020年，"疫情"期间坚守一线工作照

成长的过程是漫长的，而成熟却在一瞬间。感恩在冀北公司这样一个温暖、包容、向上的集体中成长成才，希望在未来的日子里，和所有的冀北电网人一起努力，建设更好的企业，拥抱更好的自己。

感恩冀北、感恩经研

国网冀北电力巡察组组长　田光远

　　这五年对我来说极不平凡，从极寒的张北草原，到学霸聚集地——冀北经研院，历经以快制胜的电商磨炼，走入不寻常的巡察岗位。

2017 年 11 月 21 日，带队赴天津参加国网第三届青创赛（左三）

　　这五年，人的身体老了，心态却年轻了。和年轻同事一起，参加文体比赛、搞团建活动、投入创新大赛，激情、热情、积极、向上，被你们所感动，也深深地成为了你们中的一分子。

　　这五年，接触外界少了，知识却丰富了。和学霸同事一起，落实工会纪检工作，研究同业对标、管理创新，展开规划评审意见讨论，思维敏捷、功底深厚、原则性强，被你们所感动，也大大地提升了我的专业知识。

　　这五年，领导教诲少了，潜移默化多了。和班子成员一起，班子会、中心组学习会、民主生活会，拍视频、大联欢、做拓展，在食堂、在院区、在会议室，耳闻目染，潜移默化，融入其中，受益匪浅。

2020年5月，参加院"劳模英杰，战疫青锋"
主题故事分享会

无尽的试练，这仍是承上启下的五年。

2020年8月3日，代表院党委、工会赴一线部门规评
中心开展暑期慰问

感谢领导，感谢同事，感恩冀北，感恩经研。希望在今后的日子里仍然能够与冀北、与经研院共成长。祝愿经研院在新一届领导班子的带领下，在建设中国特色国际领先的能源互联网企业的广阔天空中，你们一定能够鹰击长空，再创辉煌。

成长的快乐

国网冀北电力财务资产部　程靓

时光荏苒，不觉间，大学毕业已经十年了。刚跨出校门时，我还是个懵懂青年。乍一踏上工作岗位不免有些迷茫，心想上了这么多年学，仍是要像普通会计工作者那样，粘票据、订凭证。天天埋在一堆堆厚重的会计账簿里面工作的我，有时感觉呼吸都有困难。特别是到了月底结账的时期，在岗位上一坐就是一整天，接不完的电话，机械式的翻看、记录，心中的滋味别提有多难受。于是我常回忆当初上学时的美好愿望，或在想，能做一些有创造性的工作该多好啊。

2013年8月16日，建院一周年主题演讲比赛开场舞演员合影

"既然选择了企业，就要安心于企业，眼高手低，在哪里都是干不好的。""老领导"——原经研院财务部主任梁冰峰的一席话点醒了我。的确，财务队伍是一支能吃苦、讲奉献的队伍，这是我从事财务工作以来最大的感受。从费用的日常报销、凭证

整理到财务报表的填制和分析。都需要我们财务人员细致准确的应对，容不得丝毫马虎。在财务制度面前财务人员犹如战士一样，恪尽职守，无私奉献。日复一日，年复一年，我们没有惊天动地的壮举，没有激昂澎湃的豪言壮志，我们靠责任为企业发展书写出辉煌的篇章！

从经研院到本部，在冀北，我经历了成长的烦恼，懂得了收获的快乐，看到了拼搏向上的力量，感受了团结互助的温暖。我深深体会到，我们奋斗是因为我们对这里有着如此浓厚的感情。看到企业在不断发展壮大，我为她感到自豪与骄傲。我时常想，只有甘于平凡的人，才能真正享受成长的快乐吧。我也有憧憬，也有梦想，但此时此刻，我愿用我一生的时光，和企业同呼吸、共命运，伴企业一起成长。

2020 年，结束一天繁忙工作后的随手拍

将青春变成人生最美好生活的出发点。"恰同学少年，风华正茂，书生意气，挥斥方遒。"让我们在青春时节一起奋发吧！在冀北公司"十四五"的蓝图画卷上，书写有声有色的人生。

怀念·感恩

国网冀北党校、管培中心纪委书记、工会主席、党校副校长　朱全友

当看到这个命题时，思绪就回到了 2015 年，我突然意识到，我是从那个时候来到规划评审中心的。这些时光，正是我步入不惑、感悟人生的阶段，本想续上一杯清茶，谈谈幸福与苦难，捋捋梦想与现实。而我却顺着成长的潮流，既不算主动也不算被动的离开自己熟悉的领域，来到一片全新的天地。

2013 年，摄于院新春文艺汇演现场

多年的人力资源管理工作，让我惯性地喜欢谋划人才的培养。总是要求每个职工都要梳理自己的职业生涯，总是强迫每个青年都要梳理阶段目标，总是分析每项工作带来的收获和损失。自己不干活，还在他们加班到后半夜时灌输"成长必须先经历痛苦"的理念。现在想想那时的自己似乎有些执拗，不知道我的坚持带给他们的是痛苦

多一些还是收获大一点。当我离开规划评审中心时，当年一起战斗的兄弟姐妹几乎分散在冀北甚至国网各处，很想和他们静下心来一起聊聊，不谈规划报告，不谈评审意见，只叙友情。

人生总会经历一些风雨，而我赶上的可能大了点。很感谢在那段时光默默陪我的兄弟，这些年让我念念不忘的友情和信任。

可能自认为在经研院资历较深，总喜欢指导别人，总喜欢"说三道四"，回想起来有些后悔，希望这些锋芒只是擦破点皮毛，没有给别人造成内伤。

2020 年，参加院迎新春棋牌比赛

写到这时觉得自己的叙述有些伤感，其实我现在的心境并不这样。很感恩这几年一起成长的兄弟姐妹，这几年正是他们最好的年华。如果岁月可以回头，我可能还会犯很多错误，但留在心底的依旧不变。

友情不是茶，越冲越淡，而是酒，越陈越香。很怀念这些经历，很怀念这些朋友，很感恩这份成长。

与冀北特高压建设共成长

国网冀北工程管理公司项目管理部一部　徐康泰

2015 年以来，我一直参与冀北地区特高压电网建设工作，现场施工紧锣密鼓，输电技术不断创新，始终坚持高标准，给了我广阔的成长平台。

2015 年，初到锡盟－山东 1000 千伏北京东变电站，现场 1000 千伏 GIS 设备、1000 千伏变压器宏伟庞大，深深地震撼了我。在师傅悉心的"传、帮、带"下，逐步学习一座特高压变电站是如何"变"出来的。随后，蒙西－天津南 1000 千伏特高压交流输变电工程、锡盟－泰州 ±800 千伏特高压直流工程、扎鲁特－青州 ±800 千伏特高压直流工程相继在冀北地区安家落户。

2015 年，入职参加现场实习

2018 年开始参与张北柔性直流电网工程现场建设管理。直流电网建设在世界范围内尚属首次，经过几年特高压工程管理经验积累，依据冀北公司电网建设五项管理机制，现场日常建设管理有据可循、有条不紊。对换流阀、直流断路器等关键设备安装工作专项策划，实施工厂化安装，保证设备施工质量。

2020年6月29日，张北柔性直流电网工程顺利投产，安全高效优质地完成了建设任务，用张北的风点亮了北京的灯。

2020年，任康保换流站安全专责

五年间，冀北地区特高压电网逐步坚强，在工程建设战线上见证冀北公司"十三五"，我骄傲！

勤能补拙，与巧者侔

国网冀北风光储公司总会计师　梁冰峰

人生恍如流动的河水，不知不觉已走过了一段历程。"十三五"期间，是冀北公司高质量实施"一保两服务"公司战略的五年，也是经研院建设"三型企业"奋力拼搏的五年。五年间我经历了奋斗与成长、烦恼与欢乐、彷徨与感动……

2016 年 11 月，妙峰山采风

2015 年 1 月，我被任命为经研院财务资产部主任，我深知"勤能补拙，与巧者侔"，只有努力工作，才能实现自己的人生价值。

五年间，作为一名财务人，持续为冀北公司超高压和特高压工程建设保驾护航。完成了张北、乐亭、丰南等 20 余项 500 千伏工程竣工决算工作，决算金额 75 亿元。完成了锡盟至山东、蒙西至天津南等 4 项特高压工程财务决算工作，决算金额 16 亿元。五年间，我们创造性地开展了冀北公司成本类项目评审工作，共评审项目 1 万余项，金额 110 亿元，为冀北公司降本增效工作提供了有效支撑。

2019 年 3 月 7 日，在兵器博物馆参观学习

五年间，我时刻被这样的画面感动着，节假日期间，财务的伙伴们在自己的岗位上辛勤地忙碌着；我依旧被这样的精神鼓舞着，身怀六甲的伙伴，加班加点的在忙着付款；我经常被这样的初心激励着，右手受伤的伙伴，用左手艰难的敲击着键盘……一摞摞会计凭证，一张张财务报表记载着财务人的辛勤与汗水。

2019 年 9 月 10 日，参加庆祝新中国成立 70 周年
"我与国旗合影"活动

成长是一种责任，2020 年 10 月我离开经研院，来到了风光储公司，肩上的任务更重了。成绩留给岁月，征程继续拼搏。感谢经研院的伙伴们，伴我一路同行，接下来我们还要在冀北公司这个大家庭，同心同行同成长，未来会见证我们一起分享收获的馨香。

个人微光，汇聚洪流

国网冀北工程管理公司计划财务部　王光丽

2016 年入职之初，正好赶上"两直"特高压锡泰、扎青工程结算，在师父手把手的教导下我开始了由学校到工作、由书本到实践的转变。

个人旅拍照

2018 年，张北柔直工程开工建设，我开始承担起该工程技经管理的工作，作为创造了十二项世界第一的工程，每个专业都是铆足了劲儿要干出一番成绩，技经管理工作也不能落后。

2019 年，输送清洁能源到雄安新区的张北－雄安特高压工程也开工建设，工程入高山，穿天险。

2020 年，赶上年初的疫情，为了保障防疫费用及时拨付，组织编制防疫费用测算表，按月进行费用审核结算，确保了防疫费用结算工作的顺利开展。

　　冀北公司的"十三五"是公司特高压工程持续建设，支撑清洁能源发展、奋发拼搏的几年，能够参与其中我倍感荣幸。我的"十三五"是持续积淀、不断提升个人技能水平的几年，在国网公司 2019 年基建技经管理专业调考中获得个人第四名，获得中国电机工程学会经济专业论文评比三等奖、冀北公司青创赛金奖等，取得一级造价师、一级建造师等证书。

2016 年，入职参加工程技经培训学习

　　个人的力量是很渺小的，很多相似的个人汇聚成了一股巨大的洪流，共同向前奔流涌进。

来自元月 17 日发布的《第五集》作者的感言

沈卫东：我职业生涯的六分之一在经研院度过，有很多体会和感悟！我把工作当做生活的一部分，把单位当做家，把同事当做家人。这观点不是大家都能接受的，但我依然选择我的方式。点点滴滴，沧海桑田！看着专辑，那里有我最热爱的工作，最热爱的你们！祝一切安好！

吕雅姝：五年回忆，五年感动，无限感怀，无限不舍，希望经研院越来越好，也祝福我和我的小伙伴们前途担当，一切顺利！

成建宏：在经研院工作这些年有幸与敢拚敢干有追求的经研人相识相遇，使我领会到了人生的价值，领悟到了人生的意义，找到了人生努力的方向，希望经研院加油发力，勇于担当，乘着时代强风，一路高歌猛进，续写辉煌篇章。

苏　宇：忘不掉曾经工作、付出过的地方和并肩作战的同事好友们！感谢经研院提供这么一个好的机会和平台，让我们回顾五年难忘的经历。

田光远：看到大家五年来的成长经历和感悟，一下子也把我带回到那个时候，一幕一幕，像放电影一样在脑海中闪现，感触良多。感谢院领导组织，希望以后有幸参加更多活动。

程　靓：五年回首，是祝福，是感恩，感谢冀北大家庭！

朱全友： 回望这几年，并不算是我的高光时刻，却有幸融入到大家的灿烂时光，希望能有机会和大家再共享一段人生。

徐康泰： 感恩，珍惜，祝福！

梁冰峰： 与经研院的伙伴们肩并肩五年的奋斗和成长并不会随着时间的流逝而被遗忘，相反它会牢牢地印在我们的脑海中。记忆留下独白，让我们一生去努力。在下一个五年希望我们不乱于心、不困于情、不畏将来！

王光丽： 感谢冀北公司、经研院给予我们这样一个总结回顾的平台，"十三五"的辉煌已成过去，让我们用辛劳和汗水，共同描绘"十四五"的华章。

经研冀忆
2016——2021

5 周年

第六集

——领航者出镜，本集更精彩！——

我与冀北一起成长的这五年之经研篇（第六集）

第六集又与大家见面了，这里有一篇本应放在昨天"老职工"专辑的石振江同志的短文，他于2018年下船，到冀北公司发展部工作，但是2019年9月他又回到我们经研院这条大船上，而且当上了船长。他的短文，我觉得有高度、有广度、有温度，他不愧是经研院"十四五"的领航者。

2019年我们规划评审中心的岳云力在张家口奥运帮扶期间，创作出歌曲《经研之光》，广受听众好评，是我们经研院的文艺达人。收到岳达人的短文，第一个字"俟"就不认识，赶快查百度。文章不知道属于什么文体，只好发微信，弱弱地问岳达人，您写的是歌词吗？能唱出来吗？达人曰：不是歌词。我斗胆问：能为这五年写首歌吗？达人曰：看看有没有灵感。我赶快第二天找领导，哪里有需要帮扶的，安排岳达人去，俗话说悲愤出诗人，寂寞出歌手。写不出歌，不让你回来，嘿嘿！

马上就到12点了，必须发稿了，长话短说：领航者出镜，本集更精彩！

再回经研院，有缘！有幸！

院长、党委副书记　石振江

在 2021 年新年贺词中，习近平总书记说："平凡铸就伟大，英雄来自人民。每个人都了不起。"国网冀北电力有限公司 2012 年 2 月 9 日正式独立运作，从蹒跚起步到风华正茂，践行着"一保两服务"的特殊职责使命，向国家、向人民交上了一份满意的答卷。

2016 年 2 月 24 日，赴浙江经研院调研

作为冀北公司两万三千多名职工的一员，与冀北公司一起成长，回顾"十三五"的五年，有很多艰辛的磨砺，更多是收获的幸福。

变　化

2015 年我来北京工作，北京当年空气质量达标天数 186 天，秋冬季严重雾霾、PM2.5 爆表屡见不鲜。纪念抗战胜利 70 周年，北京迎来最美阅兵蓝，北京难得的蓝天白云刷屏了朋友圈。2020年，北京市空气质量达标天数276天，全年未出现严重污染日，绿水青山就是金山银山的发展理念，给人民生活带来翻天覆地的变化。

2017年11月30日，视察张北柔性
直流输变电示范工程

冀北公司实现了特高压入冀的历史性突破，张北柔直创造12项世界第一，为脱贫攻坚、打赢蓝天保卫战、京津冀协同发展等国家战略落地实施奉献了冀北力量。

成　长

五年前，我刚到经研院工作，与设计中心的同事一起，体验了公司筹建和资质办理中摸索的苦闷，也分享了设计、咨询双乙级资质取得时的快乐；体验了业务刚刚起步的懵懂，也分享了第一项任务完成时的喜悦……为了更好完成冬奥项目——古杨树220千伏变电站的设计，我们曾踏着厚厚的积雪翻山越岭选站址；也曾经没日没夜的研究小二台柔直的设计方案。

2018年，我到公司发展部工作，开展公司规划、电网规划的编制和专题研究，对接省政府和能源主管部门谋划冀北区域新能源发展、"煤改电"方案。在本部工作的两年多时间，最深的体会是工作的规范和严谨，改变了在基层单位工作时的一些传统习惯。

2020年9月，我再次回到经研院，体会了经研院几年来的发展壮大，承担了公司智库的很多课题研究。又见到很多久未相逢的老朋友，原来刚刚入职时的毛头小伙，已经成长为技术领域的专家，有条不紊地给大家讲述着研究的成果，一辈青年人的成长，记录在经研院发展的步伐里。

未　　来

在成长中改变，在改变中坚守。党的十九届五中全会，审议通过了《中共中央关于制定国民经济和社会发展第十四个五年规划和二〇三五年远景目标的建议》，站在"两个一百年"奋斗目标的历史交汇点上，为未来 5 年乃至 15 年中国发展擘画蓝图。

冀北公司建设能源互联网的画卷正在徐徐铺展，将在"四个革命、一个合作"能源安全新战略的指引下，持续推动清洁能源发展、京津冀协同发展、乡村振兴、北京冬奥会等重大决策部署落地。经研院将肩负更加艰巨的重任、更加崇高的使命。

2020 年 10 月，参加院中心组（扩大）学习

亲爱的朋友，最好的时光，让我遇见最好的你们！2021 年的春天即将来临，新的征程，让我们与经研院一同成长，与冀北公司一起前行！

行者无疆，岁月有痕

规划评审中心五级职员　李莉

生活中处处是十进制，数字世界是二进制的天下，而对于规划人，我们有着不一样的五进制情怀。"十三五"，冀北第一个完整的五年进位，电网扛住了大规模新能源并网的运行风险，公司挑起了"一保两服务"的责任担当，经研院站稳了发展智囊的功能定位，而我，一名普普通通的一名员工，走出了与企业共成长的蜕变之路。

电网作为能源网枢纽，冀北争做能源互联网企业排头兵，立足区位特性，打造冀北特色，柔直工程顺利投产，绿色奥运保障落地，基础建设稳步推进，规划评审实时响应，全专业联动，全口径、全类别、全过程技术管控，一路保驾护航！

通信网作为数字化基石，冀北首创一体化省内电力专网，控投资、提效率、强管理，承担国网研究，参编国网规划，冀北模型、冀北方法、冀北思想纳入国家电网"十四五"通信网规划专业指导文件，冀北能力获广泛认可！

经研院作为决策力支撑，持续提升科技创新原动力、人才队伍软实力，全力打造业务能力、个人能力双提升沃土，实现省部级科技奖突破，通过正高级工程师评定。相对于荣誉奖项，对我而言，更大的收获是更深刻地理解了能源责任、央企担当，提升了格局与眼界！

硕果累累

2020 年，是我们俗称的规划"大年"，疫情突发，半程居家，规划按时高质量完成！2020 年，中国疫情管控力震动世界，回首顾，我们曾感叹过的人心不古的无奈、精致利己的英才以及那似乎不堪大用的 90 后，这场灾难中，仿若不在！有的是勇气担当、团结奉献、令行禁止，普通人的抉择，每每让我们热泪盈眶、震撼心弦！为什么？这是中华民族融入骨髓、刻进灵魂的价值底线在责任担当前的本性爆发！

"十二五"，我们初生牛犊不畏虎，强势起步；"十三五"，我们鲲鹏展翅同风起，健步开拓；"十四五"，我们咬定青山不放松，稳步发展。一个人的职业生涯何其短暂，我不知道能经历几次进位，登几步台阶，但初心永在，经研人、冀北梦、能源领域谱华章！

倏忽五年忆经研

规划评审中心副主任　岳云力

我记忆中的经研，

是在总部基地三集五大时整齐厚重的卷宗；

我记忆中的经研，

是在二热电厂群众路线时坚定铿锵的誓言；

我记忆中的经研，

是在电研大厦电网规划时通宵达旦的孤灯；

我记忆中的经研，

是在煤地总局疫情防控时憔悴毅然的双眼。

这五年，我从青春走向成熟，

负重前行，责任在肩，

只为浓厚亲情，幸福温暖；

个人工作照

148

这五年，我从职业走向专业，
不忘初心，砥砺向前，
只为万家灯火，照亮平安；
这五年，我从管理走向基层，
一线帮扶，脱贫攻坚，
只为精彩冬奥，璀璨非凡。
二零二一年，
愿不负韶华，愿不负己心，
秉虔诚之心，做至臻之事，
冀北经研的未来，我们携手向前！

2019 年，冀北公司杰出青年岗位能手授奖现场

2020 年，参加院职工文艺汇演

百尺竿头更进一步，中流击水正当其时

综合管理部主任　尹冰冰

　　五年，在历史长河中的一片浪花；五年，在工作经历中的全新旅程。2015 年 10 月，我从技经中心调整到监察审计部工作，在这个岗位上，用努力的工作推进了经研院的前行，用专业的视角见证了经研院的发展。

2018 年 9 月，参加冀北公司青干培训

　　这五年，经研院保持了风清气正的政治生态，党风廉政建设反腐败工作取得成效。

　　这五年，经研院实现了机制建设、能力提升、精益管理业务支撑能力取得了历史性突破。

　　这五年，经研院明确了深化智库体系建设，持续增强决策支撑能力，持续提升精益管理的发展方向。

自己身在监察审计专业，经历了从单独部门到综合管理部门的调整，但我始终秉承"履职尽责"的理念，坚持"把握方向、明确目标、勇于探索、有序推进、逐步完善"的方针，积极构建科学的管控与惩防体系建设，为促进经研院健康发展提供了坚强的纪律保障。

会场上认真记录的我（左二）

　　"百尺竿头更进一步，中流击水正当其时"，过去的五年给我留下了许多美好的回忆，积累了许多宝贵的经验，新的五年，我要以更加积极的态度、更加精细的工作、更加创新的精神，不负韶华、不断进取。

我参与，我成长——积极融入，敢于担当，日进一阶，昂扬前行

规划评审中心　丁健民

入职冀北经研院的五年，也是我同冀北一起成长的五年。五年前，我刚刚走出象牙塔；今天，我已是"人民电业为人民"的国网一员。

一、担当

经济活动分析是对公司生产、经营、发展等经济活动的全面分析，我有幸自入职起就参与到这份重要工作中，从和导师请教学习，到自己独当一面。

五年来，在工作机制上，通过编制管理规定、宣贯教材，和开展国网发展部工作机制优化重点课题，不断推进这项工作规范化、精益化管理；在工作流程上，从方案

参加新员工基层培训

拟定、报告编制、上会筹备到任务分解，实现全流程闭环支撑；在分析内容上，从产业转型背景下的冀北地区市场多维度可视化分析，到新冠肺炎疫情背景下冀北地区企业复工复产差异化管控，紧抓热点、痛点，不断尝试、推陈出新。

自支撑这项工作以来，历次报告均获国网发展部通报表扬，已累计九次，是对我们工作最好的肯定。

二、感念

2017 年 9 月，天津滨海，我和小伙伴们拿下了国网青创赛的铜奖。只是铜奖，却不仅是铜奖，这一年共同为青创赛倾注的努力，终生铭记。

成果源于我们的经济活动分析工作，内涵很丰富。这背后是我和实验室小伙伴一稿又一稿的字斟句酌，凝练升华出我们成果的亮点和创新点。有了干货硬货，又怎样以更好的形式展示和传达我们的听众？这背后是我同季节、吕雅姝两位其他部门大美女一次又一次的彩排演练。而我们终归还是台前，幕后还有着很多人的支持和鼓励，沈院的亲自指导、田书记的现场助威，姜主任的全程照料。

2017 年国网青创赛现场

感恩、感动，感念陪我走下来青创赛的所有小伙伴，感念同我一起走过五年的领导同事。

三、坚持

2017 年参加北京马拉松

和冀北一起成长的五年，也是我坚持跑步的五年。得益于院中良好的体育氛围，和国网对北马等赛事的保障，这五年中，我完成了十三场全程马拉松，四十多场半程马拉松。其中，国网参与保障的 2018 年北京马拉松上，我取得了个人最好成绩 3 小时 51 分 43 秒。

四十二公里的马拉松赛道，唯有坚持才能完赛。在工作和人生的马拉松里，昂首才能向前，坚持就有精彩。

作为青年员工，我时刻提醒自己要珍惜现有岗位，扎实业务学习，提升服务能力。通过参与公司"十三五"规划、战略报告编制、经济活动分析等工作，我逐渐理解经研院作为公司智库的支撑角色。

"十三五"规划绘就电网蓝图、公司战略构筑四梁八柱顶层设计，而作为青年员工的我也能在其中增砖添瓦，一种作为经研人的参与感、事业感和使命感，鼓舞着我早日练就"真功夫"，积极融入，敢于担当，为更好发挥支撑作用日进一阶，我将昂扬前行。

而这，既是作为经研人的自觉追求，更是身为冀北人的使命所在。

笃出诚美，慎终宜令

财务资产部　陈辰

2015 年刚入职签合同时，看着合同期限，觉得五年漫漫之期，2020 年遥远得像海市蜃楼。白驹过隙，时光流淌，猛然惊觉时间的琴弦已经拨动 2021 的音符，不经意间，我与冀北已经一起携手五年了。

这五年，是财务与审计"左拥右抱"的五年。2016 年我从监察审计部借调到了财务资产部，成为了一个初生牛犊不怕虎的小出纳。资金收支、管理票据、整理凭证、对接银行业务都是我的分内职务，工作细碎而繁杂，但我从中学到了我职场第一课：天下难事，必做于易；天下大事，必作于细。

2021 年 1 月 8 日，结完 2020 年所有账项

2017 年，我回到了监察审计部，开启审计征程。两年的时间里，我参加了两次经研院内部审计以及康保、尚义 500 千伏工程审计和国网冀北技培中心主任（院长）罗希国同志任中审计工作，发表论文 6 篇，连续两年推荐参加北京内审理论研讨，分别获三等奖和提名奖。两年的审计生涯教会了我职场第二课：道虽学不行不至，事虽小不为不成。

2019 年 9 月 9 日，支部庆祝新中国成立 70 周年

2018 年末，我惜别了审计，正式成为财务大家庭的一员。从临危受命手忙脚乱地接手财务报销业务，心中确有过胆怯和自我怀疑，面对复杂多变的财务系统，也有过迷茫不知所措，但在财务资产部亲切可爱的领导和同事们的帮助和包容下，我快速地成长，如今也能独当一面，成为大家的报销小助手。"勤能补拙是良训，一分辛苦一分才"这是我在财务学到的职场第三课。

2020 年 9 月 15 日，支部参观鲁迅博物馆

五年时间，Oracle 财务系统已经尘封于历史，SAP 系统正在如火如荼应用、更新、发展，冀北改革创新、奋力发展的车轮一直在前进，我也在一步步地成长，一步步地蜕变。笃出诚美，慎终宜令，我将秉持初心，带着为人民服务的热情和奋发向上的激情，继续书写与冀北的成长故事。

努力在平凡的岗位上发挥不平凡的作用

综合管理部副主任　瞿晓青

盘点自己的职业生涯，2021年已经是我工作的第十个年头，三分之一的职业生涯已经度过，从刚入职的懵懂女孩，到十年后成熟的职场人，我在冀北公司、在经研院收获太多，尤其是与冀北一起成长的这五年。

回首过去这五年，我立足本职岗位，不断提升专业水平，从负责人资薪酬、绩效、人才培养、干部管理等专业工作过渡到牵头人资专业全面工作，并兼任党支部组织委员，主笔编写专业规章制度20余项，完成专业总结及报告50余篇。作为职能部门的一员，虽然没有光鲜亮丽的业绩，但持之以恒，默默忠于这份小事业。

"用心做好每一件事"是我的工作信念，人资的每一项工作看似小事，但关系每一位员工的切身利益，在成长的过程中学会了一丝不苟、追求完美，热衷于这样日复一日、年复一年的坚持和坚守，努力在平凡的岗位上发挥不平凡的作用。

2019年，参与录制《不忘初心》MV

这五年，人力资源各项机制不断完善，青年员工培养开启新篇章。"立体式"人才培养体系逐步搭建，优秀专家人才不断涌现，青年员工通过重大课题锻炼，中坚骨干力量不断发挥引导带头作用。人才队伍盘活，通过帮扶、挂岗锻炼等多种形式培养员工，职员职级开始聘任，员工成长通道得到有效拓宽。"三项制度"改革启动，经研院全员绩效实施细则修订，绩效结果落地应用，薪酬激励机制逐步优化。

　　这五年，也是我个人成长收获颇丰的五年，孕育了二宝，努力平衡工作和家庭的关系，争当好员工、做好妈妈。成功评定了高级经济师，获公司人资专业先进个人，获感动冀北电力年度十大人物提名奖，获国网公司、冀北公司优秀共产党员等荣誉，荣誉是肯定和褒奖，更是激励和鞭笞，像一盏明灯照亮我一如既往砥砺前行。我还尝试着突破自己，积极参与院文艺活动，挑战作为领唱参与红歌赛、年终汇报演出大合唱，走进录音棚，走上舞台，亦静亦动，全身心投入到经研院大家庭活动中。

2020 年 1 月，参加院职工文化成果展示，
献唱《我们都是追梦人》

　　这五年，我见证了经研院的蓬勃发展，组织和领导同事们也见证了我在成长路上迈出的每一个坚实的步伐。感谢经研院这个大家庭，感谢能一路陪伴你成长。我将继续用心做好每一项工作，竭尽绵薄之力，为经研院发展做出自己应有的贡献。下一个五年见！

总结这五年：成长、感恩、初心

综合管理部五级职员　杨一诺

五年，在人的一生中说长不长，说短也不短。

作为一个与经研院共同成长近十年的老员工，这五年经研院的变化与成绩，让人欢欣鼓舞。

2019 年 9 月，参加院庆祝新中国成立 70 周年主题歌会

2015—2020 年，五年的光阴、五年的变化、五年的成长。

这五年，值得回忆的片段太多太多。有和同事一起完成重要任务的成就感，也有疫情期间独自上班的未知感；有和同事们一起加班的苦中作乐，也有因工作中的不足而懊恼不已。没有什么轰轰烈烈，有的只是时间沉淀下来的点点滴滴。总结这五年：成长、感恩、初心。

这五年，我同经研院一同成长；这五年，感恩所有帮助过我的领导同事；这五年，我不忘初心努力向前。

2020 年 2 月，疫情期间到岗工作

　　未来，我会同经研院共同度过一个又一个五年，去探索、去追求、去体验更美好的人生。

为经研院贡献自己的力量
互相陪伴迈向更璀璨的未来

技术经济中心副主任　耿鹏云

　　于经研院来讲，我算是一名"老员工"了，伴随着它从建设分公司从容转身，伴随着它一步一步卓然发展。回想五年来的点滴，经研院像一双有力的大手，托举着我逐步迈进，逐渐成长，感恩、感谢！

　　过去的五年，我一直负责冀北定额站工作，在大家的支持下也取得了一些小小的工作成绩：完成《输电线路工程杆塔真型试验费用测定》等多项造价课题研究，其中《模块化智能变电站建筑工程定额研究》等5项成果应用于电力建设预算定额（2018版）中，多个基于课题研究提炼的成果及论文获得奖项。国网定额站下发文件，冀北定额站牵头研究的《电网工程补充费用标准编制内容深度规定》成为国网定额站计价体系研究框架内容之一，支撑了国家电网有限公司计价依据的动态完善。

2018年，参加中国电力造价高端论坛

五年来，我不仅在工作业务上收获良多，在个人修养上，伴随着院里组织的各种学习和参与各项活动也有了极大的提升。学习党的各项制度，使自己更加清楚作为一名党员，应该做什么，不能触碰什么；通过各种参观，我深深震撼于祖国曾经的苦难以及如今的强大，感受到作为一名中国人的自豪。

2019 年，在丹东鸭绿江畔留影

　　所有过往皆为序章，在今后的时光中，我将不忘初心，砥砺前行，为经研院贡献自己的力量，互相陪伴迈向更璀璨的未来！

以梦为马、不负韶华

设计中心　仝冰冰

甲午年七月入职冀北，乙未年于廊坊经研所设计二室，开启设计生涯。在学习与工作中不断成长，转瞬间已五年有余，回忆起这五年的历程，依然历历在目。

个人工作照

一、忐忑不安——第一次做主设

第一次做主设是辛章 110kV 变电站全站改造工程，在师傅的指导和鼓励下，结合见习期参与两个月现场施工的些许积累，完成设计提交校审后，忐忑不安，害怕出太多错，没想到微调后被批准出图。看到自己第一部作品施工完成顺利送电后，第一次为做一名电力人感到自豪。

二、拿出勇气就是最好的开始——第一次受挫

2016 年，遇到一个硬茬，运行 30 多年的变电站二分之三接线断路器保护改造。自己和身边同事都未接触过相关内容，且现场图纸缺失，资料不全。收资半个月后依然难以下手开展设计，曾一度沮丧想要放弃。"相信自己，拿出勇气就是最好的开始！"师傅鼓励我。逐步扩大资料收集范围，邀师傅帮我想办法、理思路。在变电站、资料室、办公室中穿梭；现场描图，核对节点，对不同阶段不同标准的设计原则进行研究。终于在 deadline 到来之前，完成设计任务。

三、积极乐观的心态——第一次当项目经理

2018 年，第一次当项目经理接手 220 千伏新建工程，对项目进度把控，各专业沟

通协调等方面走了一些弯路。项目因一套设备的采购偏差，现场可能无法配合而陷入困难，我和专业负责的同事一样如坐针毡，自己晚上也经常失眠。领导了解后，引导我保持积极乐观的心态。使我积极转变心态与工作思路，增加了跟领导沟通汇报的频次，做好工作进度安排，在不知道要怎么办的时候，做好眼前的事情，积极协调解决，终于拨得云开见月明。

四、新的价值

2020 年调入冀北经研院设计中心，继续从事变电设计工作。承担以往工作内容不同工作；工程属地由原来的单一地市到冀北五市；涉足更多电压等级；以更宽广的视野，考虑更多不同工程项目的需求。在新的环境中，保持作为设计工作者的初心与坚守。

2020 年 11 月 28 日，张南 500 千伏变电站
施工方案现场实勘（左二）

这五年，是拼搏奋进的五年，是职场新人成长进步的五年，有太多的感悟值得深思，有太多的记忆值得铭记。我参与并见证了冀北公司的发展与壮大，始终坚信踏踏实实坚持努力工作的人生活很充实。不断追求，不断奋斗，不断坚持，虽然在努力坚持的同时有苦有累，但会在成功中获得快乐、享受与自豪。

回首过去的五年，我们自信、坦然、充满期待与憧憬地走向2021。以梦为马、不负韶华，留念笑掷，未来可期。

挑战令人抖擞，征途催人奋进

综合管理部　张楠

岁月不居，时节如流。五年，弹指一挥间，这是我初入职场的五年，是我用青春书写华章的五年，也是我见证公司一个个精彩瞬间、一篇篇动人故事的五年。

2015年7月，我从繁花似锦的魔都上海，来到了庄严肃穆的首都北京。初入经研院，我便感受到家庭一样的温暖，领导对我们这些新鲜血液十分重视，给予厚望，同期的小伙伴们也是个性十足、其乐融融。在专业导师的引导下，我很快适应工作节奏，完成从一名学生向一名工程师的转变，将多年所学的电气专业知识与电网工作实践相结合，不断在技术上有新突破，工作上有好成果。俗话说"师傅领进门，修行在个人"，随着一次次参加项目评审会，审阅一份份设计文件，我对电网工程建设有了更深入的理解。2017年，我配合完成的新一代智能变电站模块化设计被评为电力行业优秀标准设计一等奖，金灿灿的奖牌见证了我不懈的努力。

2016年2月1日，参加院2015年职工文化成果展示（右三）

2019 年，我离开技术岗位，到综合管理部以另一种工作形式继续为经研院高质量发展添砖加瓦。在这里，我的工作更加复杂，处理的环节和涉及的相关方更加繁多。挑战令人抖擞，征途催人奋进，通过不断学习知识、汲取经验，我逐渐掌握了工作方法，提高了工作效率，在视野上更广阔，在思维上站上新的高度。2020 年，新冠肺炎疫情发生以来，全院上下同心战"疫"，综合管理部是疫情防控的第一线。我深念自己身上承担的重任，面对疫情，唯有勇敢与坚强、担当与尽责，才能不惧风雨，守住经研院防疫工作坚实的阵线。在公司抗疫表彰大会上，我被评为抗疫先进个人，这是领导同事对我工作最大的认可。

2020 年 6 月，疫情防控期间为同事测量体温

时间是一切的见证，作为第一代九零后，我入职的五年是公司"十三五"发展非凡的五年，我成长的三十年也是中国日新月异的三十年，中华民族取得的辉煌成就离不开每一位劳动者、建设者的共同奋斗。如今，"十三五"发展画上圆满句号，我也从一个背负着行囊、怀揣着梦想的毕业生，成长为在家庭和工作中承担更多重任的中坚力量。时间改变了我的容貌，但并没有改变我的初心，我坚信，只有在实践中增长工作本领，在奋斗中砥砺意志品质，才能继续跑好下一个五年的接力棒。新时代、新征程、新青年、新作为，让我作为一名积极的行动者、热忱的付出者，继续书写公司发展新篇章。

冀北与我相约而驰

综合管理部主任助理　霍菲阳

清晨，打开黎明的窗，

冀北的晨光折射在我澎湃的心上；

初来报到，我张开稚嫩的翅膀，

开始了我的追逐，追逐无边的梦想。

五年来，走在成长的路上，

有欢笑，有汗水。

2015年备战公司专兼职培训师大赛，那是小伙伴的陪伴支持、人资领导在赛场外用心守护；

2016年公司"十三五"规划，那是电研大厦和规划同仁通宵达旦团队奋战；

2018年人资工作专项审查，那是领导带领小团队一遍遍自查审核各项工作，配合上级部门连夜调整系统数据；

……

2020年面临新冠肺炎疫情突发，那是全体员工克服居家办公等重重困难依然保质保量完成全年工作任务。

冀北，

你似广袤的海洋，撑起多少人梦想的风帆，

而我这渺小的水滴，也在你博大的怀抱里，看到了自己的旖旎；

冀北，你似巍峨的高山，矗立起多少人向往的峰巅，

而我这粒普通的砾石，也在你坚

2017年，参加传播工匠精神主题宣讲会

167

实的脊背上，找到了生命的位置。

就让冀北的风，点亮我的心灯，让我在你关切的注视下，谱写生命中最华美、最雄壮的乐章。

当你在星光大道上英姿勃发的前行，我紧随你的脚步，心中是道不尽的欣喜，满身是用不完的力量。

你的发展是我永远不变的希冀！

然而成长的旅途，难免要经历风雨，

大胆地迎战困难！

请相信"长风破浪会有时，直挂云帆济沧海"的前景，因为成千上万的"我"凝聚在你的身旁。

白驹过隙，

你我在光阴的穿梭中，渐渐融为一体。

我与你唇齿相依，我与你必将同舟共济。

虽然我平凡如尘埃颗粒，但我拥有的一颗进取心，拼尽所能为你尽心尽力！

静夜，一丝凉意沁入心脾，迎上如水的月华，

让我跨着奔向梦想的良驹，飒爽英姿，

与你——我的冀北，

并肩驰骋在成功的疆域！

2019 年，参加新入职员工座谈会（右四）

只要开始，永远不晚；只要进步，总有空间

计划经营部　周海雯

2020 年的夏天，是我从学校到社会的新起点，8 月 6 日我翻开了人生的新篇章，走进了经研院这个大家庭。

2021 年 1 月 6 日，参加工作整 5 个月留影

这五个月，我参加了 2020 年数据管理与数据应用业务培训、2020 年企业综合管理培训（卓越绩效标准培训第二期），还只身一人赴济南国网技术学院参加了 2020 年第四期大数据应用技能培训。培训所获知识和网络信息安全工作相结合，让自我认知有了迅速提升。不管是依托经研院智库建设提炼数据成果、制定移动存储介质管理方案、开展软件正版化活动，还是验收信息化运维项目材料，心里所想是能为经研院的网络安全防御体系建设和新技术创新等重点工作添砖加瓦。

五个月来，我协助计划经营部同事召开国家重点研发计划"科技冬奥"专项项目的启动会和研讨会，看着每一次自己书写的会议纪要、经研要闻能够将项目的推进过程记录下来，我充分体会到协作奉献、追求卓越的公司精神；还经历了集体观看电影

活动,《夺冠》中教练的名句"只要有 1% 的希望,就要尽 100% 的努力",我理解了"万涓细流,终成大海"的意义。

2020 年 9 月 18 日,参加院职工健康讲座小组活动(右一)

大家一起参观了"铭记伟大胜利捍卫和平正义——纪念中国人民志愿军抗美援朝出国作战 70 周年主题展览",我感受到英雄事迹和革命精神的真谛;还通过计划经营部党支部主题党日活动、党课学习,成为协助支部书记收党费、组织支部会议、记录会议纪要的小助手,让我明白了基层党组织建设的重要性。

2020 年 11 月 12 日,参观抗美援朝 70 周年纪念展(后排左一)

这五个月,既是成长,更是感激,感恩遇到的所有人和事,谢谢经研院每一位领导同事的帮助和关心,希望以后的日子,自己能在冀北经研院这个大家庭里继续发光发热! 感谢相遇,定会铭记于心。

我是一个小小的电网人，
但我有一个大大的梦想

规划评审中心　赵一男

2016—2020年，于国家是国民经济和社会发展规划的第十三个"五年"，于我是开启人生职业规划的第一个"五年"。

五年前，刚刚博士毕业的我怀着满腔热血来到冀北经研院；五年后，毕业五年的我依然充满活力的在冀北经研院。事实证明，这五年，不负韶华。

第一年，第一次知道了人民电业为人民的服务宗旨，第一次知道了，冀北属于河北又不属于河北，第一次知道了即使博士毕业依然有太多东西要学，第一次进行评审的时候心慌慌。

2018年，评审专业人员参观电力博物馆（右一）

第二年，奔赴浙江省电力设计院进行了为期一年的学习，渐渐明白了可研与初设的差别，逐渐清楚了导线型号怎么选，主变参数怎么选，避雷器要如何配置。

第三年，带着考取的咨询帅证书，带着学到脑子里的知识，回到单位正式开展电气一次评审，专业底气足了，评审效率与质量蹭蹭蹭长起来了。到项目现场调研，看到自己评审的变电站落地建成，成就感老高了。

第四年，评审项目多了，从点到面，想要了解配电网整体的规划建设情况，岗位调整到配网规划，开始全面摸底五地市配网建设情况，不断摸索国网配电网建设思路。

第五年，开始学着协调工作，配合规划和评审两大专业，全面负责农配网项目评审，我是一个小小的电网人，但我有一个大大的梦想，是啥？不告诉你哦！

2019 年，在冬奥配套工程现场进行技术讨论（右四）

下一步？与冀北相约下一个五年呗，与冀北电网一起，砥砺前行！

来自元月 18 日发布的《第六集》作者的感言

石振江：五年的回顾，见证了很多同事朋友的成熟成长，也见证了经研院和冀北的发展壮大。经研院，是那个只许我们自己说，却不让别人说的地方，虽然现在还有很多不足，但也在一天天进步，祝愿我们共同的家越来越好！

李　莉：无论是心中有梦坚定前行，还是沉迷当下无觉而行，亦或是被人群裹带碌碌前行，行者无疆、岁月有痕，周、月、年往往是计划，少则也要三、五年方可称规划，规划是眼里的光、行动的纲，五年——对人生、对职场是最合适的时间尺度、台阶跨度，忆往昔、念初心、正方向！

岳云力：有幸与经研院一路同行，一同成长，2021 年伊始，疫情防控警钟依然敲响，我坚信：凡心所向，素履以往，生如逆旅，一苇以航。

尹冰冰：我与冀北共成长这五年经研篇已经发布到第八集，回想一起共同走过的路，看到同事们平凡朴素的话，热情洋溢的心，告诉我们这群平凡的人，虽然干着平凡的事，但幸福的阳光总在我们的天空灿烂，想对你说，你成长所以我心花璀璨。

丁健民：过往的五年，也是我入职冀北的五年，不仅是见证者，更是参与者。正因为切切实实地参与到了公司的经营战略发展工作中去，所以回眸"十三五"成绩单，这份荣誉感愈加强烈，因为有我参与；望眼"十四五"，这份使命感也愈加强烈，因为我将参与。

瞿晓青：刚接到征文通知的时候，脑子懵懵的，日复一日，年复一年，都记不清这五年做了什么，收获了什么。翻开相册，打开年度总结，这一幕幕瞬间浮现于脑海，这是和冀北、和经研院一同成长，忙碌而充实的五年！收获事业和家庭的五年！下一个五年我们继续在冀北大家庭携手并进！

耿鹏云：通过这次活动，我在忙碌中静下来梳理踪迹的内心，发现走的太远真的要回头看一看，总结一下，为后面的行程积蓄力量。

仝冰冰：没曾想我们的些许文字，都被记录下来。这五年每一位经研人始终坚守自己的岗位，用一份初心，一己责任扛起重担。自己也非常荣幸在我们经研院这个和谐、团结的大家庭里成长与进步。

霍菲阳：鉴古思今，同频共振。真心感谢院里搭建一个这么好的平台，我们将在党组织的旗帜引领下成为更好的自己。

周海雯：冀北是每个人生命列车上的燃料供应者，为每个人的成长带来行驶的动力，仔细阅读大家的成长经历会发现每个人的感情节点和工作成就都"五彩缤纷"，也正是这样才让冀北有了不一样的"颜色"。

赵一男：刚好入职五年，借着这次活动，好多难忘的瞬间都想了起来，主持新年联欢会，设计装饰党员活动室，参加冀北公司微党课比赛，组织与张家口七一联谊，带服务队去张家口扶贫，带队做35千伏专项调研，向辛总介绍冀北网上电网，倡议捐赠蛋白粉，制作武汉加油视频……感谢院里组织的这次活动，让怀念的、值得纪念的永驻心间。

经研冀忆
2016—2021

5周年

第七集

今天推出的是腊八版，
主打亲情牌，
请您准备好纸巾

我与冀北一起成长的这五年之经研篇(第七集)

　　各位读者腊八节快乐！今天推出的第七期是腊八版，主打亲情牌，请您准备好纸巾。

　　首先让我感动的是财务资产部王硕的短文《同事亦亲友，感恩冀北大家庭》。读到他回忆每位同事的趣事，看到他和财务部小伙伴奔跑的身影，我不禁热泪盈眶。多好的小伙子啊！怎么能还没对象呢！

　　其次是我们综合管理部的王利军，王姐一直从事人资相关工作，她迎接了每一位加入经研大家庭新成员的到来，经历了培训、职称、人才管理、福利保障、保险等相关工作，各项工作都与职工密切相关。由于近期我们一位员工要退休，王姐一直在外边跑相关业务，当我发微信让她确认短文的时候，她还在西城医保排号，等着办相关退休手续呢。多好的大姐啊！想说王姐您辛苦了！谢谢！但是她短文的题目却是《感谢成长路上每一位经研人》。

　　最后，不能不说说我们经研院的头号抗疫功臣姜宇主任，去年疫情到来的时候，他担任综合管理部副主任（正科级），负责办公室的工作。他对疫情的走势判断准，准备工作动手早，最后效果好。他带领部门员工及早抢购了大量口罩和消毒液，做到家有余粮，遇事不慌，同时积极和我们的办公地煤地大厦协调防疫措施。但是等到表彰抗疫先进的时候，姜主任到设计中心担任主任去了，他主动把先进个人让给了别人，多好的领导啊！但是他在短文里对于这一段只字未提，放张照片吧，还是个背影，太低调了。

　　说不少了，您还是自己瞧吧！

同事亦亲友，感恩冀北大家庭

财务资产部　王硕

五年真的是弹指一挥间，记得 2016 年的这个时间，我还在蒙西－天津南的施工现场奔波往返，扒着图纸，看杆塔架起，看导线升空；而五年后，我已是一名彻彻底底的经研财务人，每天在数据与报表的世界里拨弄珠盘。五年间，可能工作岗位与职责会有所变化，可能身边的团队与同事会有所变化；但不变的，是那些大家在一个个夜晚一起付出的汗水与努力，是那些从工作中从周围同事身上收获的经验与成长，是那些成长中相伴左右的鼓励与关心，是那些让人怀念的一同奋斗、一同欢声笑语的时光。

2016 年，是充满变化的一年，我先后在蒙西－天津南施工现场、设计中心线路室以及财务资产部工作。在施工现场，通过学习线路施工方案、整理安全质量资料，往返各个作业现场，加深了自己对电网现场工作的体会；在设计中心，参加张呼高铁可研、参与线路设计竞赛，虽然时间短暂，但却同样受益匪浅。

2016 年，蒙西－天津南特高压现场安装导线

2016 年末，在领导的支持下，我来到了财务资产部，终于可以拿起计算器，翻转借记贷了。虽然也学习了多年的财会知识，但在实际工作中，发现实践还是要比理论细化太多，于是在梁主任和各位财务同事的悉心帮助与指导下，我开始在财务这个既熟悉又崭新的领域中努力工作。

2017 年，我主要学习会计核算方面的知识，负责单位的报销业务，同时，成本类项目的管理工作也让我对冀北整体的成本情况有了一个全新的认识；2018 年，我先后参与国网巡视组审计、冀北巡视组审计、国网及冀北资金检查、财务调考培训等工作，让我对会计核算与资金管理有了更加深刻的认识；2019 年，我开始接触报表工作，让我对账套的整体构成更加熟悉；2020 年，我与同事们一起，顺利完成了民营企业清欠、商旅云全面应用、多维会计科目切换、资金日排程切换等年度任务，并参与了"科技冬奥"国研项目。似乎每一年，都有不同的任务等待着我们去完成，也正是在完成这些任务的过程中，我们不断地成长。

2017 年，参加院健步走活动（左一）

工作中的成长让人欣慰，生活中的点滴却更让人难忘，忘不了在项目部的日子，忙时大家一同熬夜扒图纸写方案，闲时大家一同打篮球逛县城；忘不了在设计中心的时光，大家一起去现场探勘、跑可研协议，一起想设计竞赛的创意；在财务部，更有许多让人难忘的时光，每天中午，大家一起吃饭，工作忙碌时，大家一起加班，每年年末，梁主任都会带我们加班结账，并请我们吃饭。财务工作虽然烦琐而忙碌，但在

2019 年，参加"七一"党日活动
（左一）

工作之中，却充满了欢声笑语，充满了大家的相互关心，喜欢现在的每一个人，更想念梁主任的大气与幽默，想念雅姝的俏皮，邹姐的有趣，想念徐茜与管乐的豪爽，想念侯伟住在我家里，一起吃小龙虾挖西瓜喝啤酒的那些时光。

有时我会想，一天有 24 个小时，除去 8 小时睡眠，在剩下的时间中，一天可能有 10 多个小时都是与工作相关的，大家每天朝夕相处，是同事亦是亲友，大家一起健身，一起排练联欢会节目，参加健步走比赛，参加歌唱比赛，参加爬山摄影活动，参加院里组织的各种活动，是同事亦是亲友，因为一同奋斗过，所以可以相互理解相互关心，因为一同欢庆过，所以建立起了无比坚定的友谊。感谢冀北，更感谢经研院，给了我们一个奋斗的舞台，给了我们一个温暖的家。

我与冀北一起成长的这五年

副总工程师兼设计中心主任　姜宇

岁月不居，时节如流，冀北公司见证一路以来我们的成长，我们也目睹着冀北电网日新月异的发展变化。蓦然回首，我已从办公室来到设计中心，一幕幕都历历在目，甚是难忘。

回顾在办公室的时间，收获与感悟颇多。参与的一次次重要会议，一个个重大材料，一件件后勤保障，一起见证了经研院从建设"三型一流"支撑机构思想的提出，到以"四个卓越"为引领，深化巩固"四个依托"，努力实现"四个突破"，建成冀北公司智库经营战略中心。看着经研院从无到有，从小到大，从大到强，一步步地成长，作为他的一名员工自豪之情油然而生。

2020年的年中，岗位变动，我从办公室来到设计中心。这是一个崭新的开始，我与设计中心在疫情

2017年9月，随队赴天津公司
参加第三届国网青创赛

防控与复工复产两手抓的特殊时期共同成长。强化了中心规范化管理水平、促进了专业技术支撑能力。面对严峻复杂的疫情形式、专业力量不足等诸多困难，我们经受住了考验，配合冀北公司建设部、发展部等部门完成企标修订、技术监督等重点支撑工作、摸索着完成一项项工期紧、任务重的工程设计工作。设计团队虽然经验尚浅，却靠着一股不怕苦不怕累的干劲迎难而上，多方调研走访、交流学习，在实战中锤炼专业技术，赢得宝贵的设计经验。我来到设计中心时间不长，却在一次次的挑战中滋生出与设计中心深刻的感情，我将与设计中心一道，着力构建快速响应、过程闭环、高效无缝的管理机制，着力培养善于研究、精于质量和乐于服务的复合型岗位人才，着力培育深入研究、高质量工作和主动服务的意识，为经研院高质量发展目标不懈奋斗！

2020 年，新冠肺炎疫情期间为职工测温

2020 年 10 月，前往张家口慰问"十八家"
工程一线设计团队（右一）

路漫漫其修远兮，那些奋战的日夜与取得的成绩都已成为历史，回首过往是为了更好的展望未来，我站在下一个五年的起点，抬头看着冀北电网前进的方向，低头踏实的迈开步伐，带着梦想与笃定起航。

感谢成长路上每一位经研人

综合管理部五级职员　王利军

五年时间，转瞬即过，五年的点点滴滴如电影一样在脑海中回放。

综合管理部工作的这五年，我一直从事人力资源相关的工作，五年的时光，迎接了每一位加入经研大家庭新成员的到来，见证了经研院的壮大，也经历了建管中心整体划出与无数优秀的小伙伴由经研走向冀北、国网以及其他更加广阔的平台，4 名老职工走完自己的职业生涯，跨入退休行列，由衷的感慨。铁打的营盘流水的兵，经研院就在人员的不断变化中发展壮大起来。

2019 年 10 月 25 日，综合管理部开展政策咨询答疑活动（左一）

从事的人资工作不断轮岗，经历了培训、职称、人才管理、福利保障、保险等相关工作，各项工作均与职工密切相关。职称一对一辅导，大大提高了职工职称通过率，

2020 年是特殊的一年，但这一年有 29 人取得了助理、中级、副高级、正高级职称资格；保险方面为使职工充分了解相关政策，解答职工日常常见问题，编制了经研院补充医疗保险宣传手册；主笔的"输变电工程设计竞赛类项目"在 2016 年国网公司网络大学"双优"评选活动中获得三等奖……

2020 年，"疫情"期间居家办公

五年来，感谢成长路上每一位经研人！

树设计团队形象　做快乐经研人

设计中心五级职员　谢景海

　　冀北经研院成立之初我便调来公司上班，至今已有八年时间。回想冀北公司"十三五"期间所走过的不平凡历程，感触颇深。回忆几年的历程，我们线路室的发展和变化也是很大的。这五年是队伍不断壮大的五年，线路室已由最初的单打独斗发展到现在专业配置齐全的五人。截至目前，我们高质量完成了14项220千伏及以下输电工程的可研和初步设计工作以及智能设计、智能金具及冀北地区全息数据平台在内的多个科技项目。与此同时，我们也收获了冀北科技进步三等奖、国网设计竞赛三等奖，冀北设计竞赛一等奖等多个荣誉。

2016年，承德围场线路测量（左二）

　　这五年是人才培养传承的五年。身为一名老同志，我尽全力培养线路工程设计技术人才。我们线路室依托工程设计，累计经验，夯实基础；依托智能设计等科技项目，丰富了知识储备，升华了科研成果；集中力量培养设计经验和科研成果两手都硬的线路技术人才。在倾囊相授的同时，我也从年轻人身上学到了很多优秀的品质，和年轻人在一起，让我更富有朝气，生活更积极向上。

2020 年，张家口"十八家"线路工程现场踏勘

未来的日子，我会更加努力，正所谓人们常说的：一个今天胜过两个明天，蓝天属于你，白云属于你，未来属于你，珍惜现在，努力前行。我会更加严格要求自己，扎实做好各项工作，一步一个脚印，打造冀北地区精品线路工程项目，树立起线路室金牌设计团队形象，做快乐的经研人。

心中有信念，坚持就对了

计划经营部　运晨超

　　一路走来，一路感动，一路感激，是我在回想五年来同经研院一起成长最大的感触。在工作岗位上，遇到了真心指导关心我成长的领导、倾心传授经验并时时提携的前辈和同舟共济彼此扶持的同事；体会到同经研院同步成长的幸福，理想和经研院企业理念相契合的庆幸，经研院给了我归属感又给了我展示自己的舞台。

　　2016年，对招投标管理工作经验进行总结，编制了《基于物力集约化的支撑机构计划管理实践》典型经验，获得了冀北公司优秀典型经验。

　　2018年，转岗科技管理工作岗位，总结院创新小组管理优秀经验形成的管理创新成果，荣获北京市企业管理现代化创新成果一等奖。

2018年10月，参加"+智能，见未来"华为全联接大会

2020年8月，开展院科技项目中期检查工作

2019 年，结合科技管理工作和以往其他管理工作经验，整合优化经研院科技工作过程管理，建立高效的管理机制，实现经研院科技工作零通报，并多次受到冀北公司肯定。同年，院培育科技成果取得省部级奖零的突破。

2020 年，对我来说是一个新的挑战，工作的内容更多了，肩头的责任更重了。面对压力，我回之以动力，以更高的标准要求自己，完成国家"科技冬奥"重点专项《冬奥赛区 100% 清洁电力高可靠供应关键技术研究及示范》的组织申报和项目立项。经研院牵头申报科技成果获得国网公司科技奖一等奖，再一次创造历史。

2020 年 9 月 9 日，计划经营部创新小组平台创设讨论

凭借着"勤能补拙"的信念，把握每一次学习的机会，实现了从外行到内行的转变。一路走来，有艰辛的成长也有收获的喜悦。经历过风雨才能收获雨后泥土清甜的香气，只有不断的锤炼，才能成长成为一名国家和企业所需要的人才，实现自己的理想和价值。

感恩冀北，再创辉煌

设计中心　刘沁哲

没想到自己会与此次分享如此契合，过去的五年是冀北公司成立以来关键发展的五年，也是我结束学生时代转变为职场人的关键五年。

2016 年入职后我首先来到党群工作部见习，虽然在党群工作部的见习时间只有短短的四个月，但使我有了很好的机会快速认识院里的每一位同事，尽快地融入了经研院这个大家庭，同时，也有幸参与了经研院第一届党员大会策划工作，为日后担任党支部组织委员奠定了基础。

2020 年 7 月，云顶滑雪公园 OB4.0 临电
设计方案通过公司审核

见习结束我来到了设计中心变电室，开始了五年的电力设计生涯。这五年从变电二次到变电一次，从张北小柔直到冬奥临电，在冀北公司这个大平台上，我的专业能力也得到了显著提升。

2017 年参与了柔性变电站的交直流混合配电网可研以及柔变工程验收相关企标编制工作。2018 年 1 月在张北的工代服务见证了小二台柔性变电站的落成，也了解了设计人员现场工代的服务内容。之后作为二次主设参与了廊坊花科 110 千伏变电站工程初设与施工图设计工作。

2019 年在中心的人员规划下，我调整到变电一次岗位，恰逢北京 2022 年冬奥会临近，我被作为国网公司选派人员赴北京冬奥组委借调工作，同时作为冬奥会场馆临电设计牵头人，负责冬奥场馆临电设计工作。新的机遇，新的使命，新的挑战。在院领导的支持下，2020 年冬奥临电设计工作在探索中推进，在质疑中完善，临电设计成果获得公司和北京冬奥组委的高度认可。

2020 年 11 月 6 日，花科站现场施工交底合影（右二）

冀北公司虽是国网公司最年轻的省公司，但却有着得天独厚的风光等新能源资源，同时肩负着保障环首都供电的重要职责，更有幸成为保障冬奥会赛事用电的省级电网，展望"十四五"，更多高精尖项目将诞生在冀北五市，我将充分利用公司提供的这一平台书写更加辉煌的人生篇章。

五年成长，行至所向

综合管理部　刘溪

一路走来，一路成长，一路收获。过去的五年是磨砺的五年，也是从青涩走向成熟的五年，这五年中与经研院共成长的不单是工作状态，而是这种状态所蕴含的对工作的感情。

2016 年 4 月，参加第一届中国国际人力资源
服务产品与技术展览会

作为人资专业的一员，我始终坚持以负责、专业的态度对待工作，持续开展精准培训，并将培训工作不断优化调整；稳步推进人才培养，拓展适用于多层级员工的人才成长通道；积极构建更具激励性的薪酬绩效体系等。作为一名基层的人力资源专业工作者，不断地学习提高，不断了解最新的前沿管理策略，在工作中主动思考、主动

作为，践行人力资源管理理念，是我工作中始终坚持的信念。

在经研院初组建时我就有幸加入这个大家庭，与众多优秀的同事、众多有着卓越工作能力的前辈和领导一起工作，在活动中体验团队的强大力量，在工作中享受解决问题的过程，在生活中不断互帮互助，让我更深深地感受到经研大家庭的温暖。

2019 年，综合管理部小合影（左四）

深刻的感情，无法被直接给予，从不俯拾可见，需要我们久久凝视，慢慢沉思，才能找寻到他们。感谢这次活动给了我静静回首的机会，让我更深刻地感受到与经研院共成长的感动与快乐。伟大的企业是因为它卓尔不群的内在特质，"敬业奉献，执著追求"的氛围始终激励我不断进步成长，与大家同行，是我的荣幸。

以我汗水，点亮万家灯火

设计中心　郭嘉

2017年6月，我从浙江大学毕业后便加入了冀北公司这个大家庭，成为了冀北经研院的一员。转眼间时间已过去了三年半，在这期间，我也从学生慢慢变成一名合格的国网员工，同冀北公司一起成长。

在冀北经研院设计中心工作期间，我先后参与了多项输变电工程设计工作和科技项目管理工作。通过这些项目，我积累实际工作经验，熟悉线路设计流程及要点，对输电线路设计工作有了整体性、战略性的认识，并有效提高了自己的工作能力和深入思考分析问题的能力。2018年，我长期赴河北电力设计院交流学习，参与多项大型工程设计，通过学习大型设计院的先进技术及经验，在多方面快速提升了自身技术水平。

2017年7月，博士毕业留影

这三年半是我工作生涯中非常重要的技术积累和专业奠基时期，在此期间，我很大地提升了自身设计水平与科研能力。今后我将继续脚踏实地、勤学好问，不断提高充实自己，不断成长进步，以严谨的工作作风、锐意进取的工作态度、坚持不懈努力、良好的工作业绩回报电力事业。

2019 年 4 月，参加冀北公司青年风采大赛

2020 年 8 月，参与 2022 年冬奥会张家口赛区场馆
临时电力供应设计

以我汗水，点亮万家灯火。

成长不会一帆风顺，但也无需畏惧

设计中心　田镜伊

2019 年入职至今，说眨眼间些许有点夸张，但确实来不及回想就已经离开校园将近两年。挥别了昔日的老师和同学、熟悉的教室与桌椅，在迷茫懵懂中已经踏入职场，坐在工位的电脑前打下这段文字，回首成长是一件略带伤感又踌躇满志的事情，感谢有此机会，让自己能够回忆细数这段与冀北成长的日子。

2019 年，研究生毕业典礼留影

蜕变与成长潜移默化在每一次培训与每一件具体的工作中。还记得来到经研院经历的多样的培训课程，新员工们一同前往冀北调控中心、秦皇岛供电公司、国网济南技术培训中心等多地进行全面的学习。在诸多培训过程中，有工作多年的前辈给我们传授经验、讲解技术，还亲耳聆听了冀北领导对新员工的期许，也实地观摩了现场的输电线路和变电站。多维度的培训不仅给予我们很好的机会全面了解冀北公司的经营业务范围、发展建设方向，让青年员工对自己未来的职业发展有了更加清晰的蓝图；

同时在具体的技术讲解中，让我们更加领悟脚踏实地的重要性，学会认真钻研每一个细节，认真对待每一份看似不起眼的工作。

同时，单位举办的文化建设活动丰富多彩，我也积极参与了年会小品编剧、开场舞表演、"战疫青锋"主题故事分享会主持等文体活动；积极响应了新中国成立70周年大庆，参与了主题红歌会献礼祖国，赴香山参与红色教育活动，在纪念馆中观摩革命先辈们努力拼搏建设新中国的记录与展览；多次观影活动让我感悟到在平凡工作中找寻不凡的伟大精神。文化建设既陶冶了情操，也提高了思想境界，给予我们更强有力的精神力量向前迈进。

2020年1月14日，在院职工文化成果展示中
参演小品《大话西游之涨工资》（前排左三）

来到设计中心至今，从开始慢慢熟悉岗位与工作流程，到如今逐渐熟练推进各项工作，在边学习边实践中，感悟到从学生思维转变职场思维的重要性，从一味寻求老师的帮助来解答疑惑，到慢慢意识到需要自己摸索找寻问题解决途径。成长的点滴记录在每一个"首次"当中，第一次着手柔性变电站的科技报奖工作、第一次负责接入系统项目投标工作、第一次参与接入系统设计二次部分的撰写、第一次编制项目后评价的总报告、第一次撰写会议纪要与中心总结，第一次开展咨询资质升甲申报、第一次组织协调经研体系年会等。每个人都会经历无数"第一次"，可能感到困惑或兴奋，不论结果如何，这从无到有的过程是我们进步最快、收获最多的阶段。颇为感谢每个"第一次"中领导同事们的信任与指导，感谢大家的理解与帮助。成长不会一帆风顺，但也无需畏惧，我将带着坚持与果敢继续同冀北电网一路向前。

星光不问赶路人，时间不负奋斗者

设计中心　肖林

光阴似箭，岁月如梭，转眼间，已经来到冀北经研院一年半有余。2019 年 8 月入职冀北经研院，初次步入窗明几净的办公大楼，我就被经研院温暖的工作氛围感染，经过短暂的新员工培训，我很快加入到设计中心系统室工作，在领导和同事的指引与帮助下，我逐步适应了工作的节奏，顺利完成了从学生到一名工程师的转变。

一年来，感谢经研院这个温暖的大家庭，让我不断成长和蜕变。2020 年是不平凡的一年，首次独立担任设计任务之时，恰逢新冠肺炎疫情居家办公之日，任务的紧迫性督促我快速成长，攻坚克难。

2019 年，硕士毕业留影

在傅守强和陈翔宇专业导师的指导下，我先后顺利完成了太子城冰雪小镇等四项接入系统设计工程，过程中我学会了一次设计方法，掌握了潮流仿真方法，从最初不会使用，到自己灵活运用，整个过程专业能力得到很大进步。理论与现场相结合的过程也使自己的技能水平有了质的飞跃。

一年来，我参与并顺利完成了中国水电万全风电后评价报告等四项报告编制工作。了解了工程前期、基建等工作内容，顺利承办并通过后评价验收会，这就仿佛精心呵护培育的花朵绽放，过程中有眉头紧锁，有布满红丝，有不眠之夜，但在成功的快乐面前显得并不重要，这一切都是对工作的热爱和责任。

2020 年，在国网技培参加新员工培训

此外，在部门科室领导的带领下，我还先后参与了 6 个工程项目的投标文件编制，过程中熟悉了商务、技术、报价等文件的编制，参与编制设计中心"十三五"发展规划成就总结等工作，这些都使我不断成长，业务能力不断增强，专业水平不断提高。

星光不问赶路人，时间不负奋斗者。每一次生命的发光都要感恩那无数照向他的光芒。全身心投入工作的一年里，我对光阴似箭有了深切的体会。来到设计中心第一天主任带领我们介绍认识中心前辈的场景仍然历历在目，而今天我已经幸运地成为了他们中的一员，我感受到肩上的这份责任无比光荣。

感谢冀北经研院这个温暖的大家庭，感谢领导同事的指引与帮助，感谢设计中心的家人们。时光向前，我与冀北一起成长的五年还在抒写，作为冀北新青年，未来，我会严格要求自己，把握时代脉搏，励志笃行，久久为功，为冀北经研院增光添彩，为公司发展添砖加瓦！

来自元月 20 日发布的《第七集》作者的感言

王　硕： 很喜欢单位组织的"我与冀北一起成长的五年活动"，让我们可以在忙碌的工作中静下心来，回看过去，总结经验。在活动中，也读到了许多感人的事，励志的事，有趣的事，于是蓦然发现，我们已与冀北携手前行了这么久，也将继续携手相伴，砥砺前行。

王利军： 感谢"这五年"活动的开展，给了我一次心沉下来回顾单位与个人成长的机会，看了许多同事的文章，从不同方面展现了职工的精神风貌、成长点滴与取得的成绩，由衷的为所有经研人点赞！希望经研院发展越来越好！

姜　宇： 看到了一起工作的同事、久违的战友，其中有感激、感恩和感动，有激情、友情和温情。希望下一个五年，还有你们和我共同与经研院一起打拼，共同成长。

运晨超： 抱着"应付工作"的心情开始，却充满感恩庆幸的参加了这次活动，没想到回忆总结的力量这么大，突然悟到了"圣人吾日三省吾身"的道理，回忆总结五年的得与失，原来我已经离心中的目标越来越近，原来我还是那个积极向上充满正能量的自己，五年的回忆不仅为未来的生活工作奠定了基础，又成为了推动我进步向上的强大助力。感谢亲爱的经研院耐心的等我，给我了一个总结并发表心声的平台，愿未来越来越好！

刘　溪：感谢这次活动给了我静静回首的机会，让我更深刻的感受到与经研院共成长的感动与快乐。祝愿经研院在未来的五年更加精彩，经研大家庭不断壮大！

田镜伊：这些心里的感悟不仅帮助自己能够回忆过往的种种，更是通过文字的交流加深了我们同事之间对于彼此的了解。虽然我工作还不满五年，非常有幸能够参与进来记录自己的成长，感谢院里提供这个平台与机会～笔芯～下一个五年我们继续前进！

肖　林：本来以为自己不符合征文参与条件，但当提笔时，发现与冀北一起成长的日子里有太多点点滴滴值得回忆和记录，感谢院里给大家提供一个这么好的平台和参与机会！

经研冀忆
2016——2021

5周年

第八集

——不看不知道，一看忘不掉！——

我与冀北一起成长的这五年之经研篇(第八集)

不看不知道，一看忘不掉！

各位读者晚上好，我们的第八集在这个周末与您见面了。首先，感谢天大才女刘素伊献诗一首。其次，感谢黄毅臣主任顺利完成巡视工作，第一天回院里上班，就提交了自己的短文。最后，感谢路妍邀请我们的舞蹈协会原会长侯喆瑞写下自己的感受。

艰难方显勇毅，磨砺始得玉成

设计中心五级职员　刘素伊

一段初心事，
五度使命诗。
国网冀北好风光，
愿君莫来迟。

漫漫征途上，
甘苦寸比知。
飞觞醉月共君时，
问谁把电痴？

回首"十三五"，感谢冀北公司、经研院这个广阔的平台，让我有机会拥有设计、技经、环水保审评多专业兼容并蓄，技术、管理踵事增华的际遇。在这五年里获得省部级管理创新奖 2 项；国网公司级优秀卓越管理案例 1 项；电力勘测设计行业优秀 QC 成果奖 1 项；省公司级设计竞赛一等奖 1 项、科技成果推广应用奖 1 项、管理创新奖 3 项、优秀卓越管理案例 1 项、"深化管理提升年"最佳管理提升项目 1 项。2019 年取得了注册咨询（投资）执业资格。

2016 年，参加了"交直流配电网及柔性变电站示范工程"设计工作、冀北公司输变电工程设计竞赛"110 千伏变电站装配式建筑设计"工作。

2017 年，作为第一完成人，编制完

个人工作照

成"冀北检修大同500千伏海万二线杆塔紧凑型改常规型工程"后评价报告,评比进入国网公司运检后评价报告A段,获得冀北公司运检部好评。完成京研公司第一个独立可研"冀北张家口红旗营220千伏输变电工程"变电技经工作。

2018年,作为主编完成了《输变电工程建设环境保护工作实操及相关政策法规汇编》《输变电工程建设水土保持工作实操及相关政策法规汇编》出版发行。参与完成的国网公司技术标准《配电网工程施工图设计内容深度规定第3部分:配网架空线路》发布。

2018年10月,秉承"冀北精神"响应国网公司东西帮扶的号召,赴国网蒙东经研院开启为期18个月的帮扶工作,期间"临危受命"主持技经中心工作4个半月。从"小"技经向经研体系"大"技经的全面学习,从技术岗位向管理岗位的瞬间转换,对我而言是一个非常大的挑战。"真诚待人,不畏困难,踏实做事"让我收获了友谊,提升了眼界、境界和格局。感谢两院领导对我的关怀、栽培和帮助,在我帮扶一周年之际,许书记、袁院长带队赴呼和浩特慰问我,令我倍感温暖,深知我的背后拥有着强大的支撑,让我可以没有后顾之忧努力向前!

2020年设计中心综合室小全家福

2020年4月,结束了帮扶工作,回到了设计中心。在院和中心两级领导的指导下,我们新"整编"的综合姐妹团克服疫情带来的工作影响,合力开进:圆满完成京研公司2020年度咨询资信升甲目标,完成2020年冀北十大课题"绿色发展的环境保护体系研究与实践"研究工作并顺利通过验收;牵头、参与完成支撑冀北公司发展部指定基建工程6项后评价工作、2020年项目后评价总报告1项;完成7项500千伏工程环评水保方案内部审查、9项环保水保技术审评工作;同时做好中心疫情防控工作、京研公司综合事务、对接院各职能部门的工作等。在我们共同努力下,获得了院2020年先进班组的称号。

"十三五"不停地在"新"中调转探索。艰难方显勇毅,磨砺始得玉成。"十四五"的钟声已敲响,我们将与朝气蓬勃的冀北一起披荆斩棘,勇攀新高!

满载期望，破浪前行

党委党建部主任　黄毅臣

回忆和总结是一首久唱不衰的老歌，是生命轮回岁月流转中，成功、失败、思索、积累的故事。

五年的时间，我经历了院《"十三五"科技发展规划》的编制，看到了基于院创新小组管理形成的管理创新成果以及"十三五"任务的一步步落实，见证了"十三五"所取得的每一项成绩。

五年的时间，我经历了SAP系统、ERP系统的集中部署和数据贯通，克服了数据庞大、新系统操作难度高的问题，组织了综合计划与物资需求计划联动归口管理工作，并顺利完成500千伏及以上输变电工程项目管理权限移交及资金拨付工作交接。系统的上线以及院生产经营管理应用场景的运行有效提升了院各部门、中心的应用水平，提高了各项业务的工作效率。

2019年2月26日，组织生活会上
进行支部书记工作汇报

五年的时间，我经历了经研院信息运维管理模式逐步完善的过程，形成了省级典型卓越绩效案例，积极组织人员完成各项关键基础设施的安全防护，严格落实各项巡检制度，确保机房、弱电间、电视电话会议设备间完成改造，保障各项通信工作安全运行。

冀北让我的人生画布上增添了浓墨淡彩的一笔，定格为热泪盈眶的欣悦。2020年

2019 年 7 月 5 日，不忘初心、牢记使命
主题党日活动支部合影（左三）

2020 年 12 月 16 日，顺利完成
巡视工作纪念

对你我都是不平凡的一年，疫情让我们相隔网络办公，6 月份疫情稳定之后我被派到国网公司第一巡视组的队伍中。这半年的巡视工作，我一直立足本职专业多角度分析研判，积极落实"发现问题、形成震慑，推动改革、促进发展"的巡视工作方针，把实事求是原则贯穿始终，现已圆满完成两轮巡视任务。

成绩留给岁月，征程还要继续拼搏，愿冀北朝着前进的方向不断努力，创造更加辉煌美好的明天！

经研院大家庭指引我成长

国网冀北电力发展部　　侯喆瑞

这五年是经研院飞速发展的五年，更是我个人成长进步最大的五年，经研院于我来说已不仅是工作单位那么简单，他更像我的家，这里有指导我的家长，有我的兄弟姐妹。

2013 年 7 月—2018 年 7 月，我担任经研院的科技专工，负责科技攻关、科技创新、科技引领。任职期间，促使经研院共发表核心论文 150 余篇、非核心期刊论文 200 余篇，2015—2017 年连续三年提前超额完成冀北公司下达的省部级科技项目获奖指数任务，配合牵头开展"张北可再生能源柔性直流送出与消纳示范工程设计关键技术研究"项目，使经研院科技管理水平不断提升。

2016 年担任院科技专工期间，入围感动冀北十大人物

2020年，在院安监部党支部
组织生活会上发言

2018年7月，由于机构调整和职责变更，我调入安全监察质量部，负责安全生产问题清单的编制、安全责任清单的编制，安全生产责任制方案的编制、安全质量督查和量化考核、品牌建设、劳保采购等工作。在工作岗位中锐意进取，开拓创新，服务大局，在增强工作积极性的同时增加主动性、前瞻性和适应性，不断提升了我的业务水平和学习能力，提炼了工作成果。

同时，我始终没有放弃学习，2018年至今共公开发表论文核心期刊论文4篇；授权专利5项；制定团体标准2项；获北京市管理创新成果一等奖；电力行业雷锋式先进个人等各种荣誉。

2021年，我调入冀北电力公司发展部，但经研院对我栽培和鼓励将始终鞭策我，也将是我未来不断前进的不竭动力。

2020年5月，在院抗疫主题故事分享会上演讲

感谢经研院，给了我一段美好的人生生活

设计中心五级职员　敖翠玲

时光荏苒，岁月如梭，一晃我和经研院已经共同走过 5 年的时光。

2014 年摄于阿坝黄河长江分水岭

2014 年是我就职的分水岭，从那年开始便在冀北经研院工作、生活。

自 2014 年起，我便参与了办公大楼的装修设计、唐山创业园 220 千伏变电站设计、秦皇岛北戴河指挥大厅设计、红旗营 220 千伏变电站设计、张家口小二台和光伏站示范工程设计、张家口多能互补项目的设计、花科 110 千伏变电站设计管理以及张家口十八家 220 千伏变电站的设计管理等等工作，这些将我和经研院紧紧地联系到一起，自此，和经研院休戚相关，荣辱与共。

在经研院，用心工作，快乐工作是我内心的宗旨，单位提供的高雅文化业余生活

是对我工作之外自身素质的提升，这几年，在经研院的良好环境卜，内外兼修，不断在充实自身知识，从而没有辜负自身年龄的增长。

工作之余，参加职工书画活动

在这里有汗水的付出，有竞赛得奖的快乐，有变电站设计评优得奖的欣慰，同时也见证了经研院整体的日渐成长。

水涨船高，有了经研院和谐美好的大集体，才有了我个人充实成长的机会，借此机会，感谢经研院，给了我一段美好的人生生活。

青春无悔，就该这样的挥洒！

规划评审中心　周洁

再回首，我的青春，有幸伴随着经研院成长。

2017 年，在冀北公司优秀团员授奖现场

记得入职培训后，在规划评审中心主任的悉心培养下，我作为第一批实习员工奔赴浙江省电力设计院学习，学会了工程设计、施工图绘制、还多次参与了舟山多端柔直技术交底会。就这样，在部门主任的谆谆教导和同事前辈认真教学下，我度过了 9 个月两点一线的生活，快速汲取着专业知识，为日后工作打牢了坚实的基础。

实习学习结束回归单位后，在团队的支持下，迅速地融入，成为一名项目评审专责。五年的青春，就是这样开始的：是一起集中评审加过的班，是连续三年青创赛准备的创意，是四个一评审体系、创新小组、典型经验、QC 成果、管理创新、五位一体、卓越绩效写过的材料，是做科研做示范开过的会，是迷茫时刻战友们对我的鼓励。这些画面就像电影片段，一幕幕闪过，那么清晰深刻，平凡但闪闪发光。

2018 年 6 月，参加户外素质拓展活动

2019 年 9 月 20 日，参加院红歌会

鲜衣怒马少年时，不负韶华行且知。感恩经研院这个大家庭，感恩领导同事给予了我最温暖的力量，最无私的帮助，赋予了前行的动力。下一个五年、十年里，更远的未来里，我将依旧保持初心满怀希望，为电网事业奉献自己的力量！

感恩冀北、感恩经研

设计中心　李栋梁

2016 年，研究生毕业以后入职冀北经研院，从遥远的南方回到熟悉的北方，一个平凡朴素的懵懂少年进入到完全陌生的电力系统，成为电力系统的一员。犹记得入职培训时，听到冀北所担负的"一保两服务"的光荣使命时，心中油然而生的光荣感和骄傲感，为自己将成为其中的一分子感到自豪，那时起就立志将自己的青春陪伴经研院，将汗水播撒在冀北。

2017 年，在院领导和中心领导的关怀下，赴浙江省电力设计院学习，这是人生中一段难忘的经历，也是其他任何单位不可能提供的宝贵机会，经过 4 个月实习，初步认识了变电土建设计内容，开始学会了用理论指导实际工作，从一个学生成长为一个合格的员工。感恩各位领导的关怀，感谢各位同事在我学习期间分担我的工作。

2019 年 2 月，湖北石首南岳山森林公园留影

2017—2020 年，在同事指导和帮助下，完成了红旗营 220 千伏变电站可研设计、张北小柔直现场工代，北戴河智能配电网中心改造工程消防设计、花科 110 千伏变电站初步及施工图设计、张家口崇礼 10 千伏多能互补及"发充储放"微电网工程可研 - 施工图设计、十八家 220 千伏变电站初步设计以及多项设计竞赛。完成了一个见习生向土建中级设计师的蜕变。蜕变的过程是很痛苦的，但每一次的蜕变都会有成长的惊喜。

2020 年 7 月，多能互补工程现场交底

　　2021 年，入职即将五年，回首这岁月若白驹过隙，忽然而已。失去的是时间，收获的是成长，是与冀北与日俱增的情感，祝冀北越来越好，我对未来也充满了憧憬和期望，愿与冀北再成长下一个五年、下下一个五年……

感谢每一个你，和我们在一起

财务资产部副主任　何淼

2015—2020 年，5 年，1825 天，43800 小时，2628000 分钟，157680000 秒。时光如白驹过隙，不知不觉中，办公室墙上钟表秒针竟已飞速运转超过 262 万圈。

2018 年 2 月 9 日，院新春职工文化展示现场（二排右二）

从经研院成立至今，我仍驻守在财务岗位。感恩历任领导的教导、同事的帮助，他们教会了我很多，不止于财务技能。一路以来，使我从财务小白到 BUFF 加身，"闯遍"了财务出纳、核算、工程、资产、财税、稽核、风险、报表、预算等各个专业，"打遍"了月报、决算、预算等各个小怪物，每每"搏斗"难免严重"受伤"，但经验值随之上涨、战斗力逐步加成，使我成长为财务岗位的"战士"。

五年来，我见证了经研院的蓬勃发展，经研院亦见证了我的茁壮成长。回望过去五年，于我而言，有收获，有感悟，有压力，有进步。我在琐碎成为日常的财务工作中，先后为经研院"三集五大"体系建设、"五位一体"深化应用、财务集约化建设、集中部署系统应用、问题清单梳理全覆盖、提质增效创收节支等重点工作做出努力和贡献。

2018 年 11 月 10，支部赴西柏坡寻访红色足迹（右二）

工作之余，在领导的支持下，我组建了"弃同冀异"创新小组，带领财务小伙伴主持开发"精研财务"微信管理平台，研发固定资产二维码盘点平台，设计员工个人所得税纳税筹划方案，创新研发会计凭证影像信息存储系统，进一步提高了财务工作水平。五年来，付出颇多，亦收获满满，得到领导同事的肯定，获得了冀北公司劳动模范、先进工作者、河北省冀青之星、经研院先进、优秀共产党员等光荣称号，不断激励我前行。

如今，曾经的领导和伙伴已遍布公司各个重要部门，经研院的新集体也完整就位，相信我们经研人，聚是一团火，散是满天星，将在电网不同岗位上发挥更多地光和热。

2019 年 9 月 29 日，参观中华人民共和国成立 70 周年成就展

岁月如梭，时光这匹白驹也跑成了肥马，膘肥体壮一往无前。乘着这良驹，我展望下一个十年，拳拳之心，殷殷之望，愿与经研院同心同意同向同行，愿为冀北壮大贡献力量、共谱华章。

工作中磨砺，工作中成长

设计中心　赵旷怡

2013年，我大学毕业进入国网冀北电力有限公司经济技术研究院，成为设计中心的一名设计人员，主做通信设计。工作后，每一次设计项目对我来说都是一次历练，因为每个工程都有其特殊性，做设计就是一个不断发现矛盾、解决问题的过程。通过问题的解决，矛盾的解开，设计才算是有了个结果；当到工程实际施工、最终投产运行过程中，问题的出现还会进一步督促我学习，使我积累经验。同时，通信专业的新技术日新月异，发展飞快，唯有不断学习新知识才能与时代并肩。

2015年12月2日，东山风电送出项目

五年中，我参与了冀北廊坊花科110千伏输变电工程、冀北张家口红旗营220千伏输变电工程、北戴河智能配网中心建设项目、国网规划仿真计算平台及会商系统建设项目等。我在工作中磨砺，在工作中成长。

2021 年，我承担了 2022 年张家口冬奥会临电设计工作，负责我之前从未接触过的配电网领域。自从参与了冬奥工作，我每天都会给自己定个任务，如跟进一下项目其他专业的进度，还有阅读哪些规范并做笔记等。这是一份使命，一份责任。概览宏图终觉浅，绝知冬奥需躬行。

岁月无虞　未来可期

设计中心　杨林

时光太瘦，指缝太宽。细细算来，与冀北结缘已有"五年"。

2016年初，研究生入学不久的我接到了第一项课题研究任务，分析张北地区新能源送出线路的保护适应性问题。初识冀北，我惊诧于千万千瓦级风电基地的壮丽，赞叹于风光储示范工程的宏伟，但也意识到新能源送出与消纳问题的解决任重而道远。那时的我一定想不到，两年后的自己有幸来到经研院工作，有机会与冀北电网、与新能源发展一起并肩向前。

回顾加入经研大家庭的这几年，从初至时的青涩与忐忑，到逐渐上手并承担各项工作，中间是经研平台的锻炼机会、是领导前辈的倾囊相授、是全情投入的热爱奔忙。

2018年，参加冀北公司
新员工培训（右三）

还记得，在综合管理部锻炼期间，一次次修改各项汇报总结材料，一遍遍核对冀北公司巡察、领导任中责任审计的各项材料，工作虽然细琐、繁杂，但却在入职之初让我养成了仔细认真的工作习惯，并在领导同事的帮助下顺利完成了从学生到职场人的转变。

还记得，初入设计中心时，电网设计与技术实验室才刚成立不久，科技管理工作还在起步阶段，两年来我积极推动实验室科技管理的深化与细化，在定期召开月度例会、发布研究简报、整理研究专报的基础上，通过项目策划方案、成果取得计划、项目验收计划等形式，及时掌握项目研究进度、需求和遇到的困难，在为研究项目的全过程服务的过程中，我也逐渐成长为实验室科创工作的"小管家"，对实验室的科创项目和成果如数家珍。

2020年，参与冬奥临电工程设计工作

还记得，疫情期间作为接入系统项目二次主设第一次参加评审会时，屏幕那端自动化、保护、方式、营销等各个专业专家的问题令我应接不暇，靠着录音回放和同事指导才顺利完成了评审意见的修改，到如今通过13项不同性质、规模和接入方式的项目历练，我已具备了独立开展系统二次设计的能力，并朝着变电二次设计这一新的高地进发。

还记得，刚接手冬奥临电工程二次设计和冬奥指挥平台可研设计工作时，毫无配网设计经验的我面对政治意义如此之强的工程，也曾害怕退缩过，但筑牢冬奥电力保障最后一公里的责任感支撑着我，在领导同事的支持和帮助下努力承担起二次设计的工作，相信那些和团队成员一起奋战的日日夜夜，都会成为我们职业生涯里最闪亮的记忆。

还记得，新员工培训获得双优的满足、参与修订的国网企标通过送审的激动、自主提炼的发明专利被受理的欣喜……这都是我与冀北一起成长的这几年的最好的注脚。

2021，随着"十四五"的画卷徐徐展开，我也将拥抱一个新的五年，相信带着奋发的朝气、求知的赤诚、务实的心态，我会在冀北这个大舞台上收获更多的成长！

我与冀北一起成长的这几年

设计中心　王畅

感恩冀北，感恩经研，感恩这里遇到的每一位兄弟姐妹。人生没有彩排，每一个瞬间都精彩！

参加院庆祝新中国成立 70 周年主题歌会

2018 年 8 月，我怀揣着对未来的无限憧憬，融入国网冀北电力有限公司经济技术研究院的大家庭，开始了自己的职业生涯。起初，在综合管理部轮岗实习，半年时间里完成展板设计、国网故事汇投稿、准备重要会议等工作，这期间经历了当初的手忙脚乱到最终的有条不紊，我的沟通协调能力及业务水平得到了有效提升。

2019 年，正值电力物联网高速发展时期，我初入设计中心，配合国网经研院、冀北科信部完成相关材料的编制，编写《边缘计算及其在电力系统应用》等四项研究报告。工作中，不仅拓宽了自己所学的专业知识，而且大大开阔了科技创新的视野。

2020 年，我承担了十余项接入系统通信部分的报告编制工作。配合冀北科技部完成国家重点研发计划"科技冬奥"重点专项项目申报 PPT 的制作，负责部门国网知识产权系统和院生产经营系统科技指标的上传，院里及京研公司项目、科室合同的归档，完成创新小组的验收，QC比赛获奖及优秀成果集编制。工作中，虽几多艰辛，诸多挑战，但却可以把自己多年来积累的理论知识付诸实践、一展所长，收获颇丰。

参加书画工作室篆刻活动

在经研院工作的两年里，首先要感谢领导和同事们。无论是在日常的生活中，还是在平时的业务上，都给予了我无微不至的关怀和倾囊相授的指导，让我能够尽快熟悉院里的环境，适应新的岗位，进入人生新角色。他们教会我如何有条不紊地同时开展手头的各项工作，如何礼貌和谐地与他人沟通，分享工作及生活上的诸多交集，如何简洁高效地完成领导布置的工作任务。这对刚毕业入职的我，可谓受益良多。其次，半年时间里，我深深感受到院里和谐友好、携手共进的工作氛围。院领导不仅业务素质过硬，而且对我们年轻员工关爱有加，让我们在职业生涯初期便感受到了无限的温暖。院里同事也同样严于律己，宽以待人，即便承担着工作压力，也会以热情饱满的态度对待其他同事。

参加泛在电力物联网技术培训班

自从融入冀北经研院这个温暖的大家庭，我在业务素质、敬业精神、团队协作等各方面都得到很大提升，也激励鞭策我在以后的工作中锐意进取、不断创新。领导同事教我的知识道理定会成为日后我学习、工作的巨大财富。最后，祝福冀北经研院的明天会更加辉煌！

来自元月 23 日发布的《第八集》作者的感言

刘素伊：看到各位领导同事的"十三五"，我感受到能够成为这样一个"凝心聚力，交泰志同，砥砺前行"集体中的一员，无比骄傲和自豪！感谢院里搭建这样一个平台，让我们可以停下来，静下心梳理回顾、归纳整理、思考总结一段成长经历，受益匪浅。比心♡。

侯喆瑞：经研院就像我的家，这次活动让我回顾了自己，也回顾了经研院，不禁感慨万千。我在这里成长，这里给予我养分，更是我梦想的摇篮。相信我与经研院还有下一个五年、十年、五十年，真心希望经研院越来越好！

周　洁：感谢院里提供了这么好的机会，让时常低头干活的我们，也能偶尔抬头瞭望星空。每个生动的故事、记录的画面，都像流淌着的泉水，渗入心间。经研院，我们相约下一个更好的五年！

何　淼：参与本次"五年"活动，和大家一同"忆往昔峥嵘岁月"，使我满怀激动和自豪，对经研院的未来和冀北公司的发展前景充满了信心和期待，祝愿我们明天会更好！

杨　林：本来我觉得自己工作还不到三年，不符合征文条件，但真正参与进来才发现，短短这几年有太多点滴值得回忆。感谢院里组织那么好的活动，让我们有机会梳理这几年的工作，不断总结提高，和经研院一起成长！

后 记

这本书能与大家见面实属偶然，因此这里需要感谢的人很多，容我们慢慢道来。

2021 年 3 月 11 日，综合服务中心融媒体部来我院调研

第一个要感谢的是冀北综服中心融媒体中心。2020 年 12 月 8 日，融媒体中心在公司宣传工作群发布通知，开展"我与冀北一起成长的这五年"活动，向各单位征稿。我院第一时间响应活动要求，12 月 14 日，经综合管理部部门工作会议定，报送赵敏与何成明两位博士的稿件。在院领导班子碰头会上，院领导决定将活动扩展到全体员工，自愿参与。12 月 14 日、28 日综合管理部就此项工作发了两次业务督办单。

第二个要感谢的是 2021 年元旦前提交短文的 12 位同事，他们是张璐、李维维、梁紫怡、许凌峰、赵敏、刘娟、赵微、路妍、何成明、何慧、袁敬中、张洁。2021 年元月 3 日，12 位同事的短文刊登在《我与冀北一起成长的这五年之经研篇》（第一集），通过微信公众平台与读者见面了。阅读量达到 401 次，11 人点赞，7 人朋友圈在看。

榜样的力量是无穷的，元旦假期过后，更多的同事提交了短文。元月6日，第二集，10位同事的短文与读者见面了。元月8日，第三集，10位同事的短文与读者见面了。

2020年1月8日，王清香副总经济师参加1月集体生日会

第三个要感谢的是院各党支部的书记和委员，他们不仅要自己写，还要动员本支部的员工写。特别感动的是王清香副总经济师，活动开展期间，刚好她右手的腱鞘炎发作，右手的手指动弹不得，打了封闭也不见好转。但她坚持参与活动，短文的342个字都是用左手，一个键一个键敲进去的。为了向这位入职30多年、拥有21年党龄的老党员致敬，我们把她和另外11位同事的短文放在元月13日——她的生日那天发布。第四集阅读量达到350次，光祝福留言就收到了25条。

如果没有人来幻想明天花儿会开放

2021年7月，冀北机关本部歌唱团演唱《理想》，袁俏担任第一领唱

第四个要感谢的是一位热心读者，她是公司宣传部的袁俏，作为经研院的职工亲属，她建议是否可以考虑发布一期"中途离场者"（曾经在经研院工作，后续又离开的同事）合集。这与我们的想法不谋而合，我们马上向曾经在我院工作过的同事们发出邀请，经过大家的共同努力。元月17日第五集"老同志"专刊与读者见面了。在此，感谢沈卫东、吕雅姝、成建宏、苏宇、田光远、程靓、朱全友、徐康泰、梁冰峰、王光丽10位同志对我们工作的支持。

第五个要感谢92位作者和76位感言作者的积极参与。

元月18日第六集，14位同事的短文与读者见面了。

元月20日第七集，10位同事的短文与读者见面了。

元月23日第八集，9位同事的短文与读者见面了。

元月26日大结局，收录76位同事的感言。历时25天的征文活动圆满结束。

活动结束后，我们想把大家的短文变成铅字。考虑到仅仅展现我院"十三五"发展全貌有些单薄，我们就把5年来的大事记和有纪念意义的照片都添加了进来。

第六个要感谢的是参与书籍资料整理的团队，他们是唐博谦、陈翔宇、张楠、段小木、李维维、张海岩、肖林，他们从2016—2021年的1100余条院新闻中筛选出151件大事记，收集整理出353张照片。尤其是为了寻找前几年的职工文化展示照片，可以说是大费周章，期间也得到许多同事、朋友的热心帮助。

2021年4月14日，石少伟在书画室练字

第七个要感谢的是参与封面设计、书名题写、藏头诗、英文翻译的同事们。

我院的书法大师石少伟为新书《经研冀忆》题写了书名。

张璐即兴赋诗一首，就是我们在书的封底可以看到的藏头诗。唐博谦把这首诗，翻译成英文，让国外友人也能了解编者们著书的初衷。

为了图书更具经研特色，春节期间，我们组织了一次图书封面设计大赛，霍菲阳、刘溪、路妍、沈卫东、张金伟、苏东禹、张洁、许凌峰、张楠、张妍、周海雯11位同事参与并献上28份各具风格的设计作品。在元宵节进行的微信端网络投票中，张洁、周海雯、张金伟和霍菲阳的五件作品脱颖而出，获得一等奖。

第八个要真诚感谢为本书设计、编辑、校对、出版提供过帮助的朋友们。

最后必须要感谢为我们贡献了一万多点击量的广大读者朋友们。

2021 年 4 月 26 日，我院《冀北少年》快闪

作为我院深入推进党史学习教育和庆祝建党百年"六个一"系列活动的重要组成部分，《经研冀忆》只是其中的"一书"，除此之外，另外"五个一"还包括："百年百员"《中国共产党简史》有声书（一史）、原创献礼歌曲《梦想新起点》（一歌）、《冀北少年》快闪（一闪）、冀北地区红色教育资源导图（一图）、经研体系"党建＋设计专业"交流年会（一会）。"六个一"完整地诠释了我院坚持旗帜领航，持续强根铸魂，通过不断掀起党史学习教育及百年党建庆祝活动热潮，激励引导广大干部职工以昂扬姿态接续不懈努力奋斗。

此书即将付梓之际，恰逢建党百年，举国同庆华诞、共享盛世。我院在党建工作领域也收获了很多的荣誉与惊喜：建院 9 年来，我们首获冀北公司"红旗党委"，王绵斌同志获评国网公司优秀共产党员，设计中心党支部获评冀北公司"电网先锋党支部"，

2021 年 7 月 23 日，获奖人员合影

耿鹏云同志获评冀北公司优秀共产党员，许凌峰同志获评冀北公司优秀党务工作者。这些成绩的取得，与院党委一直以来旗帜鲜明坚持党的领导，持续推动党建工作系统性建设提升是密不可分的。

2021 年 4 月 26 日，党员承诺仪式合影

2022 年 5 月 18 日是冀北经研院成立 10 周年的日子。届时，我们将"隆重"推出此书的"升级版"，回顾 10 年来冀北经研人乘风破浪、不断攀登求索的奋斗历程。我

们也希望更多的领导、同事、朋友们加入我们的行列，用文字、图片、声音或影像，记录与"经研十年"有关的共同记忆，分享相伴走过的细碎点滴，扬冀忆之帆，探来路初心。

再见！

编者

2021 年 7 月